AF588634

CONCOURS RÉGIONAL

DU MANS

CONCOURS RÉGIONAL DU MANS

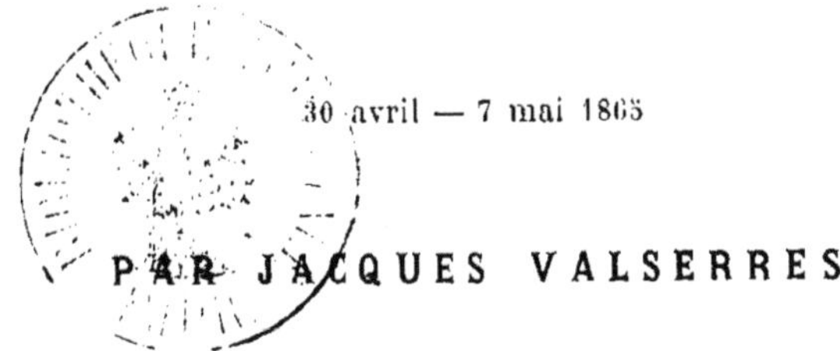

30 avril — 7 mai 1865

PAR JACQUES VALSERRES

(Extrait du journal *L'Union de la Sarthe*)

LE MANS

IMPRIMERIE A. LOGER, C.-J. BOULAY ET Cie

Libraires-Éditeurs

RUE MARCHANDE, 15

1865

CONCOURS RÉGIONAL

DU MANS

COUP D'ŒIL SUR LA RÉGION

La région dont le Mans est cette année le chef-lieu, a été formée en 1860. Jusqu'à cette époque, la France n'était divisée qu'en dix régions qui comprenaient chacune de huit à neuf départements. Le concours régional ne devait alors revenir dans chaque département que toutes les huit ou neuf années. On a trouvé cette période trop longue. L'institution de la prime d'honneur, fondée en 1857, demandait un retour plus fréquent. On a donc remanié les circonscriptions régionales et, au lieu de dix, on en a fait douze.

Ce n'est pas tout; comme la Corse, par sa position insulaire, ne pouvait guère prendre part aux luttes de la circonscription dans laquelle elle se trouvait classée, on vient de l'en détacher et d'établir pour ce département un concours spécial qui se tiendra alternativement dans l'un des cinq arrondissements dont il se compose depuis quelques années. Cette question était à l'étude; elle vient enfin d'être résolue. Le 11 mai prochain, Ajaccio verra s'ouvrir une exhibition agricole, dont le programme est calqué sur ceux de nos concours régionaux. La prime d'honneur sera distribuée à la ferme la mieux tenue de l'arrondissement d'Ajaccio. Cette institution sera très-favorable à la Corse, dont l'agriculture, pour devenir riche et prospère, n'a besoin que d'un peu d'émulation.

Notre région se compose de huit départements. Les

plus extrêmes sont ceux de la Nièvre et du Cher. En se rapprochant du chef-lieu, viennent après, l'Indre, la Vienne, Indre-et-Loire, Loir-et-Cher et le Loiret ; la plupart de ces départements se trouvent, cette année, fort éloignés du centre. Ainsi, les éleveurs du Cher et de la Nièvre ont eu un trajet considérable à faire. Ils ont dû d'abord se diriger sur Paris par le chemin de fer du Bourbonnais, puis, une fois là, ils se sont rendus au Mans par la ligne de l'Ouest. Voilà un long circuit qu'ils pourront éviter lorsque l'embranchement de Nevers à Bourges et à Tours sera terminé ; en attendant, le concours qui commence leur sera très-coûteux.

Notre région possède de la très-bonne terre, mais elle en a aussi de fort mauvaise. Les *embouches* de la Nièvre et de la vallée de Germiny se distinguent par leur inépuisable fertilité. Le Loiret, Loir-et-Cher, Indre-et-Loire et le Cher sont traversés par un de nos grands fleuves dont le val est fameux par sa richesse. Mais à côté de ces territoires privilégiés en existent d'autres qui font ombre au tableau. Citons la Sologne, que sa longue misère rend si intéressante, la Brenne, dont l'insalubrité et la pauvreté sont peut-être encore plus grandes. Ces deux pays, que l'on peut considérer comme une tache dans la région, sont en voie de se transformer. En Sologne, la chaux, la marne améliorent le sol, et les plantations de pins donnent un bon revenu. Dans la Brenne, les étangs se dessèchent et se convertissent en prairies, en terres labourables ou se couvrent de bois. A mesure que les causes d'insalubrité disparaissent, la vie moyenne de l'homme, qui naguère encore, dans ces tristes parages, n'était que de 22 ans, s'accroît : d'ici à quelques années, ces provinces déshéritées ne seront plus reconnaissables.

Dans la Sarthe, l'emploi de la chaux à l'amendement du sol a beaucoup amélioré la culture ; le chaulage a permis de transformer les anciennes terres à seigle en terres à froment. Les plantations de pins ont fourni les moyens d'utiliser ces vastes plaines sablonneuses, jadis stériles. Le metayage, tel qu'il est pratiqué dans la

Mayenne, a aussi contribué à développer la prospérité de notre département. On peut dire que dans la région, grâce à l'émulation salutaire que les concours ont fait naître, le progrès suit une marche régulière.

Le bétail est la manifestation la plus éclatante d'une bonne agriculture. La région est, en quelque sorte, le centre de la race bovine charollaise. C'est dans la Nièvre, dans le Cher que l'on en trouve les plus beaux spécimens. La Vienne, que limitent les Deux-Sèvres, élève sur une assez grande échelle la race parthenaise, dont les nantais et les maraichins ne sont qu'un rameau, et que l'on désigne sous le nom générique de cholletais. La Sarthe possède la race nouvelle, mais elle emprunte celles des régions voisines, telles que la mancelle, la cotentine, la bretonne, etc.

La race anglaise de durham est assez répandue dans la Nièvre, le Cher, le Loir-et-Cher et la Sarthe. C'est dans le Cher, chez M. Tachard, de la Guerche, qu'existe une vacherie dont l'introduction remonte à 1827. Dans la Sarthe, les courtes cornes sont plus modernes; elles nous viennent de la Mayenne, où M. Jamet les a propagées avec ardeur. Cet agronome, plus théoricien que praticien, a *durhamisé* toute la Mayenne; l'avenir seul peut nous apprendre la valeur de cette réforme. Les croisements de la race mancelle avec les courtes cornes sont très-beaux à la première génération; ils dégénèrent ensuite lorsqu'on les multiplie entre eux.

Le Loiret se fait remarquer par ses troupeaux mérinos, le Cher par sa petite race berrichonne, la Sologne par son joli mouton à tête couleur de feu. Ces deux types, avec un peu plus de soins et une intelligente sélection des reproducteurs, pourraient devenir les south-downs français.

Au reste, les croisements south-downs berrichons, entrepris par les éleveurs, réussissent très-bien comme animaux de boucherie; mais ils ne donnent que des déceptions, soit qu'on veuille marier entre eux les métis, soit qu'on ramène toujours le pur-sang anglais jusqu'à absorption de la race française; un éleveur des environs de

Buzançais, M. Lejeune, a fait, à cet égard, une école qui doit ouvrir les yeux aux moins clairvoyants.

La Sarthe est célèbre par son espèce galline, qui nous fournit les fameuses poulardes du Mans et de la Flèche. Cette race est très-remarquable par les proportions et le poids que l'engraissement lui fait acquérir ; son beau plumage noir et sa haute taille lui attirent les faveurs des fermières qui préfèrent l'utile à l'agréable. Le dernier concours de volailles grasses, qui a eu lieu à Paris au mois de décembre dernier, n'a fait que mettre en lumière des qualités que tout le monde connaissait déjà. La Sarthe doit être fière de posséder une aussi belle race de poules.

La région ne se distingue pas par des produits hors ligne comme on en rencontre dans le Bordelais, la Bourgogne, le Périgord, etc; mais elle fournit abondamment de la viande, des céréales, du vin ordinaire, du chanvre, et même des truffes. La Nièvre et le Cher envoient à Paris de nombreux bœufs d'*embouches*. Les petits moutons solognots et berrichons sont très-estimés par la boucherie parisienne, qui nous vend leurs gigots pour du pré-salé. Les côteaux de la Loire nous donnent les meilleurs vins blancs de Pouilly et de Vouvray ; les carpes de la Brenne ont une réputation bien acquise, et les truffes de la Vienne, sans valoir celles du Périgord, donnent une chair délicate qui les recommande aux connaisseurs.

La région compte des agriculteurs dont le nom est aujourd'hui connu dans toute la France et jusqu'à l'étranger. Dans la Nièvre se place au premier rang M. le comte de Bouillé, dont la bergerie de south-downs et la vacherie de charollais font l'admiration de tous les visiteurs. Viennent ensuite MM. Tiersonnier, Bellard, Doury, Dindeau, Suif, Boigues, Signoret, marquis d'Espeuilles, Benoist d'Azy, comte de Dreux, etc. Dans le Cher, MM. Tachard, Massé, duc de Maillé, de Sourdeval, de Chabaud-Latour, de Saint-Maurice, baron Augier, Bosredon, Aucler, Poisson, de Vogué, Mathieu, occupent le premier rang. Dans Loir-et-Cher, ce sont MM. Salvat, Ménard, Malingié, de Belleyme, comte de Roujon, Riverain, Laburthe, de Bodard, Tauvin, etc. Dans le Loiret, MM. de Béhague, marquis Amelot, Déprémesnil, Noblet, Anselmier, Bobée, Darblay, Lefebvre-Laforge, etc. Dans l'Indre, MM. Combrez, le Corbellier, Lejeune, Masquelier, Jusqueau, etc. ; ce département est le plus arriéré de la région. Dans Indre-et-Loire, MM. Cail, Trousseau, Pavy, de Mausabré, de Gourjault, Bouillé-Courbe, Pinpin, etc. Dans la Vienne, MM. Abel de La Prade, de Larclause, Price, Martron, de la Massardière, de Montjon, d'Alvarès, Branthôme, etc. Dans la Sarthe enfin, MM. de Charnacé, Hamard, Lebreton, Laigle des Masures, Courtillier, Vérel, Pellier, Richer-Lévêque, Guitton, Robin, Jolivard, Simier, Abot, de Lâage, Champion, Bary, Mme la marquise de Pronleroy, etc.

Les lauréats de la prime d'honneur sont par ordre chronologique :

1857 Sarthe. — M. de Charnacé.
1858 Loir-et-Cher. — M. Menard.
1859 (Avant le remaniement).
1860 Vienne. — M. Abel de la Prade.
1861 Loiret. — M. De Béhague.
1862 Cher. — M. De Sourdeval.
1863 Nièvre. — M. De Bouillé.
1864 Indre-et-Loire. — M. Cail.

Ainsi cette année la prime d'honneur revient pour la seconde fois dans la Sarthe. L'année dernière il ne restait plus que deux départements qui n'eussent point encore concouru pour cette haute récompense, c'étaient les Alpes-Maritimes et la Haute-Savoie. L'exhibition qui vient de s'ouvrir à Nice, celle qui va bientôt commencer à Annecy, combleront cette lacune. Désormais il n'y aura pas un seul département de l'Empire dans lequel n'ait été distribuée la grande coupe d'argent. Cette année déjà plusieurs départements la reçoivent pour la seconde fois.

Les concours régionaux ne sont devenus possibles que par la création des chemins de fer. En Algérie, le maréchal Pélissier en avait établi un qui devait se tenir alternativement dans chacune des trois provinces, mais les difficultés de transport dans un pays qui manque de routes ont déterminé le maréchal de Mac-Mahon à le supprimer.

En France, les animaux, les produits et les machines destinés à figurer dans ces solennités, usent largement des chemins de fer. Ceux-ci font même aux exposants une remise de moitié sur les frais de transport. Mais si les moyens de circulation sont faciles et abrègent beaucoup la durée des voyages, surtout pour les bestiaux, ils leur offrent de véritables dangers.

Il s'agit des maladies contagieuses telles que la cocotte, le piétin, la morve, qui se communiquent par le seul stationnement dans des wagons où des animaux malades ont séjourné. Ainsi chez l'espèce bovine, la cocotte, et chez l'espèce ovine, le piétin, sont aujourd'hui des affections très-communes parmi les animaux de boucherie. En laissant la question d'humanité à part, cette maladie qui n'altère point la viande n'offre pas de grands inconvénients lorsqu'il s'agit de bêtes qui vont être sacrifiées. Mais le point de vue change avec des reproducteurs qui ont un prix très-élevé et à qui une affection telle que la cocotte ou le piétin peut faire perdre une partie de leur valeur.

Aussi les exposants qui sont sages, choisissent toujours de préférence des wagons qui n'ont jamais servi au transport des animaux de boucherie ; ils préviennent de la sorte toute chance défavorable.

Le danger d'infection ne serait plus à redouter, si les compagnies de chemins de fer apportaient plus de soins dans la tenue de leurs wagons-écuries : il faudrait qu'à chaque voyage ces véhicules fussent nettoyés à fonds et lavés à l'eau chaude. Nous avons déjà de nombreuses ordonnances sur les précautions à prendre pour le transport des voyageurs et des marchandises, il nous faudrait aujourd'hui un règlement de police sur le transport des bestiaux. Rien n'est plus urgent que cette mesure, surtout à l'égard des animaux étrangers.

LA MÉCANIQUE AGRICOLE

La mécanique agricole d'un pays est toujours l'expression de son agriculture. Il doit donc suffire de voir une collection d'instruments aratoires pour pouvoir juger de la diversité de ses produits et de l'importance de son revenu.

L'étude du vieux matériel agricole de la Sarthe offre un grand intérêt; elle nous explique la forme des labours et nous révèle les obstacles qui s'opposent à l'introduction d'outils plus perfectionnés.

Pour bien se rendre compte de la situation, il faut rappeler que les labours peuvent se faire de trois manières différentes et que pour chacune d'elles il faut des charrues de divers modèles. Dans tous les pays secs, les labours se font *à plat*. Le laboureur creuse un sillon à l'une des extrémités du champ sur lequel il opère, et continue son œuvre en suivant toujours la même direction. Dans les pays où l'on a l'humidité à craindre, on laboure en *planches* ou en *ados*. Chaque planche a une largeur de quatre à douze mètres, suivant la profondeur que l'on veut donner au labour. Pour la tracer, le laboureur tourne autour d'un périmètre vers le centre duquel il relève toujours la terre. La planche est divisée par une ligne qui en forme le sommet; de chaque côté de cette ligne il y a un plan incliné qui aboutit à une rigole où les eaux s'écoulent. Pour ces sortes de labours il suffit d'une charrue à un versoir. Pour les labours à plat il faut une charrue *tourne-oreille*, ou à deux versoirs.

Dans la Sarthe, aucun de ces deux systèmes qui se partagent le territoire, n'est adopté. On laboure en *sillons*. Le sillon consiste en une petite levée de terre de forme triangulaire, ayant environ 35 centimètres de hauteur et 1 mètre à la base. La surface extérieure d'une terre ainsi labourée présente l'aspect d'une roue dentée. La petite levée de terre en relief n'a que la moitié de sa hauteur, soit environ 17 centimètres de retournée ; le restant n'a point été atteint par la charrue. Le sillon se compose de deux raies de chaque côté.

Pour exécuter cette sorte de labour, il faut une charrue spéciale; elle se compose d'un avant-train qui augmente beaucoup le tirage; le soc est comme une épée qui pourfend le sol sans le mélanger ; le versoir en bois, au lieu d'être parallèle au talon, se trouve évasé de telle sorte qu'il ne relève qu'une partie de la couche attaquée par le soc. C'est au moyen de cette disposition du versoir que l'on obtient le sillon.

Les hommes étrangers aux choses rurales sont frappés par ce genre de labour; ils trouvent quelque chose d'élégant, de pittoresque dans les longues petites levées de terre dont la forme est si séduisante; mais le praticien intelligent se demande à quoi peut servir toute l'adresse dépensée pour tracer de pareils sillons, lorsque ces sillons eux-mêmes ne sont que l'expression d'une culture pauvre et retardataire ?

La principale raison que l'on donne pour justifier cette sorte de labour, c'est qu'avec des sillons très-inclinés et une rigole qui revient tous les mètres, on assainit complètement le sol et que dès lors les céréales d'hiver surtout, n'ont rien à redouter de l'humidité qui peut les faire périr. Mais cette raison est plus spécieuse que solide; d'abord le territoire de la Sarthe n'est pas mouillé à ce point qu'il faille absolument recourir aux sillons pour le rendre plus sec. Ensuite, les labours en planches débarrassent tout aussi bien le sol de l'humidité que les labours en sillons ; l'expérience le prouve dans tous les pays du Nord. Restent donc les inconvénients nombreux que les sillons présentent et qui sont un obstacle au progrès. Avec cette forme de labours il n'est pas possible de se servir d'instruments perfectionnés; ainsi, au printemps, les roulages et les hersages, parfois indispensables et toujours si utiles, sont impossibles. A l'époque des semailles, le grain doit être répandu à la main ; on ne peut employer ni l'ensemencement à la volée, ni à la mécanique. Au moment de la moisson, l'emploi de la faucille est seul possible; il faut se priver du concours si avantageux de la sappe, de la faux et de la machine à moissonner. Enfin, avec les labours en sillons il faut forcément conserver la vieille charrue, si imparfaite, et renoncer à tous les nouveaux modèles, qui remuent profondément le sol et préparent d'abondantes récoltes.

Malgré la puissance de la routine, depuis le dernier concours régional qui eut lieu en 1857, l'antique charrue a dû éprouver quelques modifications. On a bien conservé l'avant-train; mais le soc et le versoir ont subi de notables changements. Au soc en fer très-affilé et sans épaulement on a substitué un soc plus large, et qui se rapproche davantage de la forme moderne; le versoir droit et en bois a été élargi; on lui a donné une certaine courbure, on l'a fait en fonte. Avec cet instrument ainsi amélioré, on peut encore tracer les sillons qui sont si chers à nos vieux routiniers. Toutefois, l'introduction de charrues plus perfectionnées a produit un commencement de révolution dans le pays. Les cultivateurs intelligents renoncent aux labours en sillons ; ils font maintenant les labours en *planches* et les appliquent surtout aux céréales de printemps. Le sillon semble exclusivement réservé aux céréales d'hiver. On n'est point encore certain que cette sole exécutée en planches puisse, sans inconvénient, traverser la froide et humide saison ; mais la vérité ne peut pas tarder à se faire sur cette question si importante, et je ne doute pas que le concours actuel ne sonne le glas funèbre de la culture en sillons.

Les labours en planches, tels qu'on les pratique depuis peu, dans la Sarthe, ne sont pas tout à fait conformes à ceux depuis longtemps usités dans la Beauce. Ici les planches n'ont que quatre mètres de longueur ; la ligne séparative des deux plans inclinés est donc de deux mètres ; la hauteur est d'environ 50 centimètres, et comme, dans la Sarthe, on emploie les charrues perfectionnées à cette culture, toute la partie du sol en relief se trouve soulevée. C'est là ce qui distingue essentiellement les labours en planches des labours en sillons.

L'emploi des nouveaux modèles de charrues tels que la Dombasle, la Bodin, la Howard, a eu pour premier résultat des labours plus profonds qu'avec la vieille charrue du pays. Or, voici les faits qui se sont produits à la suite de cette réforme. Les labours qui, autrefois, n'étaient que de 12 à 15 centimètres, n'exigeaient qu'une très-faible proportion de fumier. Jamais, dans ce système, on n'attaquait le sous-sol ; avec les nouvelles charrues, le soc descend à 30 ou à 40 centimètres ; il attaque donc le sous-sol, qu'il ramène à la surface. Par conséquent, ces sortes de labours doivent exiger plus de fumier, surtout au début, alors que le sous-sol n'est point encore transformé en humus. Les praticiens qui n'avaient point prévu cet incident ont éprouvé des déceptions. En ramenant le sous-sol à la surface, ils ont diminué la fertilité de la couche végétale qui n'était déjà pas trop grande. Les labours en planches, plus profonds que les labours en sillons, ont donc fourni moins de récolte ; cela devait être ainsi. Pour que cette réduction dans le rendement ne se produisit pas, il aurait fallu fumer très-généreusement. Une riche fumure aurait seule pu contre-balancer la mauvaise influence que le sous-sol mélangé à la couche végétale exerce toujours.

Il est un moyen que le praticien pourrait employer afin

d'éviter cet inconvénient. Avant de se servir des charrues nouvelles, il devrait, pendant une ou deux années, faire suivre la charrue du pays par une charrue fouilleuse ; de cette manière, sans la mélanger à la couche végétale, il soumettrait la couche inerte aux influences atmosphériques; il lui permettrait d'absorber les jus de fumier et la rendrait ainsi propre à la culture. Après cette préparation, il pourrait, avec les charrues modernes, faire des labours plus profonds sans que le rendement eut à s'en ressentir.

Néanmoins, il ne faut pas se le dissimuler. Lorsqu'on augmente la profondeur des labours, il faut toujours augmenter la dose de fumure et donner de plus amples amendements. Toute amélioration agricole se résume donc par un accroissement de fonds de roulement; des labours plus énergiques réclament des attelages plus vigoureux, des serviteurs mieux rétribués, des avances plus considérables à la terre sous forme de fumier; des constructions plus vastes, etc., etc. Or, comme l'agriculture n'a point encore à sa disposition des établissements de crédit, il faut qu'elle recoure à l'épargne pour accroître son capital. Voilà pourquoi les améliorations agricoles mettent des siècles à se réaliser, lorsque quelques années seulement suffiraient si le crédit rural existait.

Les labours en planches sont un très-grand progrès pour la Sarthe. Avec ce système, on peut faire usage de tous les instruments perfectionnés. On peut semer en lignes au moyen du semoir ; on peut employer le rouleau et la herse lorsque les circonstances le réclament; on peut moissonner à la mécanique; tous ces nouveaux agents permettent de réaliser de notables économies et d'accroître l'importance des récoltes. C'est là, ce me semble, la solution du problème si difficile de la vie à bon marché.

L'introduction des machines nouvelles doit faire disparaitre toutes les vieilles méthodes de culture, en tête desquelles il faut placer les labours en sillons. Aujourd'hui, la réforme ne tardera pas longtemps à s'accomplir. Si j'en juge par la transformation qui s'est opérée depuis le dernier concours régional, je puis prédire que le concours actuel achèvera l'œuvre si bien commencée par son aîné, et que, d'ici à huit ans, époque où le concours nous reviendra, il ne nous restera plus que très-peu de progrès à faire pour tout ce qui est relatif à la préparation du sol et à l'enlèvement des récoltes.

Ce qui a beaucoup contribué à accélérer le mouvement,

c'est la fondation de la société dite du *Matériel agricole* de la Sarthe, que l'on peut considérer comme une émanation du concours de 1857. Cette société date de 1858 ; elle a pour fondateur M. de Capella, ingénieur en chef du service hydraulique qui, lui-même, a eu pour auxiliaires MM. de Hennezel, Martin et Ricour, tous les trois ingénieurs de l'Etat. Elle est aujourd'hui dirigée par MM. Duffaud, Thoré, d'Amécourt, appartenant aussi aux ponts-et-chaussées, et M. Julien, ingénieur des mines ; elle compte comme membres tous les riches propriétaires, tous les cultivateurs intelligents de la Sarthe. Son exposition embrasse tout un côté du terrain destiné aux machines. A ce titre, elle devait figurer dans ce compte-rendu.

La Société du matériel agricole, dont le siége est au Mans, s'est proposé de propager les instruments perfectionnés et d'encourager leur fabrication. Comme moyen d'atteindre ce but, elle a établi cinq dépôts de machines et d'outils les plus modernes, au Mans, à Mamers, au Lude, à Château-du-Loir et à Saint-Calais. C'est là que les cultivateurs et les fabricants peuvent étudier les nouveaux modèles. Ces dépôts sont de véritables musées à expositions permanentes.

Chaque année, lors des principales foires de la Mi-Carême, de la Pentecôte et de la Toussaint, le bureau se livre à des essais publics propres à faire apprécier la valeur pratique de chaque instrument ; il se transporte aux réunions des comices agricoles du Lude, de Château-du-Loir et de Mamers, pour y répéter ses expériences et en faire de comparatives avec les instruments du pays.

Des conférences publiques sont également organisées dans les grands centres à l'époque des foires ou des grandes réunions; une conférence de cette nature doit avoir lieu au Mans durant le concours régional.

La Sociéte donne son appui aux fabricants de machines agricoles; elle les inspire de ses conseils et leur accorde son patronage. C'est à elle que l'on doit la fondation de plusieurs usines d'où sortent mille instruments nouveaux. C'est ainsi que tout récemment elle a vu un de ses membres inventer deux machines à battre les grains.

Le bureau a loué un terrain sur lequel les instruments sont soumis à des épreuves suffisantes ; là il se livre également à des essais de culture et expérimente de nouveaux engrais. Enfin chaque année il imprime les procès-verbaux de ses conférences ainsi que le compte-rendu de ses travaux.

Les recettes de la Societé se composent de la cotisation de

ses membres, fixée à 10 fr. par personne, — d'une subvention départementale qui s'élève à 800 fr., d'une subvention ministérielle de 300 fr., enfin du prix de la cotisation des instruments qu'elle loue aux particuliers et des remises qui lui sont faites par les constructeurs.

Les machines qui figurent dans les dépôts appartiennent en toute propriété soit à la Société elle-même, soit au service hydraulique, soit enfin aux constructeurs. La Société loue ou vend ses machines; elle loue seulement celles qui appartiennent au service hydraulique, et vend avec un droit de commission les modèles qui lui sont confiés par les constructeurs qu'elle prend sous son patronage. Cette faveur est très-recherchée des fabricants.

Au 31 décembre 1864, la Société possédait en entrepôt un matériel évalué à 20,850 fr. 30 c., durant cet exercice elle avait vendu pour 3,462 fr. d'outils ou de machines aux cultivateurs. Elle avait patroné un mécanicien du Mans, M. Leveau, inventeur d'une nouvelle machine à broyer le chanvre. Un crédit de 2,000 fr. figurait au budget pour achat de nouveaux engins; elle avait distribué en primes quelques ouvrages d'agriculture; sur treize instruments qui avaient été loués, six avaient été achetés par les locataires, les sept autres rentrés à l'entrepôt avaient produit 37, fr 45 c. de prix de location.

Telle est, en résumé, l'organisation de la Société du matériel agricole de la Sarthe. On voit par les détails qui précèdent, que son programme est très-vaste et qu'elle le remplit avec bonheur. Son influence a été grande dans la localité; c'est à elle qu'il faut attribuer les principales transformations que l'agriculture a subies depuis quelques années. Mais son influence s'étend également au dehors. Plusieurs départements, la Haute-Saône, la Marne, la Mayenne, le Calvados et Tarn-et-Garonne ont imité son exemple en fondant, eux aussi, une Société du matériel agricole. Nous ne pouvons donc que féliciter ses fondateurs et ses membres d'avoir donné à la mécanique rurale une si vive impulsion.

CULTURE ET PRÉPARATION DU CHANVRE

Ce qui fait la richesse de nos départements du Nord, ce sont les plantes industrielles; c'est le lin, la betterave, le colza, le tabac, l'œillette, etc Ces cultures exigent des labours profonds, de riches engrais; en été, elles réclament de fréquents binages, et, en hiver, la préparation des récoltes occupe de nombreux ouvriers.

Au point de vue agricole, la culture des plantes industrielles offre de grands avantages. Comme elle est la dernière expression du progrès, il lui faut une terre profonde, bien amendée; il faut que cette terre soit constamment purgée des mauvaises herbes. Cette culture a donc pour premiers résultats d'accroître sans cesse la couche végétale, et d'en faire disparaître toutes les plantes parasites. Avec une couche végétale ainsi préparée, on obtient de très-belles moissons et de très-belles coupes de fourrages. Or, les frais généraux de production sont à peu près les mêmes, que l'on récolte 18 hectolitres de blé à l'hectare ou que l'on en récolte 30 ; donc, dans la première hypothèse, qui est celle de notre assolement ordinaire, le laboureur, avec ses 18 hectolitres de rendement à l'hectare, se récupérera à peine de ses déboursés, tandis que, dans la seconde hypothèse, qui est celle de l'assolement industriel, toute la différence entre 18 et 30 hectolitres formera le bénéfice du producteur.

On conçoit l'intérêt qui s'attache à l'assolement industriel. Aujourd'hui, avec le bas prix des grains, celui qui ne récolte que 10 hectolitres à l'hectare peut à peine joindre les deux bouts; au contraire, celui qui récolte 30 hectolitres, loin d'être en perte, réalise un bénéfice. Ce dernier est à l'abri de toute espèce de concurrence étrangère, tandis que l'autre pourra très-difficilement la supporter.

On le voit, la question du libre-échange se lie étroitement à la question des plantes industrielles. Les cultivateurs du nord de la France, à qui le blé coûte de 9 à 12 fr. l'hectolitre, n'ont point à s'inquiéter des produits de la mer Noire ou de la mer Baltique; mais les cultivateurs du centre, à qui le blé coûte de 15 à 18 fr., doivent beaucoup s'en préoccuper. Le seul moyen pour eux de conjurer la concurrence étrangère, c'est d'améliorer leur terre, d'accroître la profondeur de la couche végétale par l'emploi des instruments perfectionnés, et de doubler le rendement des céréales par l'introduction des plantes industrielles dans l'assolement.

La Société d'agriculture du Mans a si bien compris cette question, qu'elle vient d'ouvrir une enquête sur la production et la préparation du chanvre. Cette plante industrielle est à peu près la seule que l'on cultive avec succès dans la Sarthe. La betterave, le colza, le lin, qui font la richesse du nord de la France, nous sont à peu près inconnus. Notre assolement se trouve, en quelque sorte, réduit aux céréales et aux fourrages. Avec un cercle aussi étroit, le sol s'épuise facilement, et les récoltes sont très-peu rémunératrices; il faut donc sortir de l'impasse dans lequel nous nous trouvons engagés, et le seul moyen de le faire avec succès, c'est de recourir aux plantes industrielles.

Le chanvre, déjà cultivé dans la Sarthe, y occupe une superficie d'environ 12 à 13 mille hectares. 20,000 ouvriers des deux sexes s'occupent de la culture et de la préparation des produits; on évalue la filasse que l'on en retire à 10 ou 11 millions de kilogrammes, et le prix marchand à 7 ou 8 millions. Après que cette filasse a été employée par l'industrie, elle acquiert une valeur d'au moins 25 millions; voilà, certes, des résultats qui ne sont point à dédaigner. Sur les 25 millions auxquels on fait monter la valeur du chanvre transformé en cordes, en fils, en toiles, etc., la majeure partie de cette somme revient à la classe ouvrière sous forme de salaires. Au point de vue social, la culture du chanvre est donc très-avantageuse, puisqu'elle donne du travail à de nombreux ouvriers; elle est un frein aux émigrations des campagnes vers les villes, puisque les diverses transformations que subit le produit ont principalement lieu en hiver, lorsque les travaux des champs ne réclament que très-peu de bras. C'est donc une idée éminemment pratique que de vouloir étendre une branche de culture qui offre de si grands avantages.

Mais ce n'est pas tout; si le chanvre et d'autres plantes industrielles pouvaient être introduits dans l'assolement régulier, il en résulterait tout de suite l'abandon de la charrue du pays, qui gratte la terre, et son remplacement par les charrues nouvelles, qui creusent très-profondément le sol. Alors disparaîtraient les labours en sillons; alors le rendement du blé s'élèverait progressivement jusqu'à 30 hectolitres, et nos cultivateurs n'auraient plus à redouter des crises comme celles qu'ils subissent aujourd'hui. On le voit, tout se tient, tout s'enchaîne dans l'ordre économique.

De toutes les plantes industrielles, le chanvre est celle qui réclame le moins de sarclages. Cette circonstance, il la doit à la puissance de sa végétation, qui lui fait étouffer toutes les plantes parasites. C'est là une précieuse qualité; mais, en revanche, le chanvre réclame une terre fraîche, profonde et largement fumée. Il ne laisse pour tout résidu que sa chènevotte et quelque peu de tourteau lorsqu'on extrait l'huile de sa graine. C'est donc une plante très-épuisante ; néanmoins, lorsque le blé lui succède sur le sol, on obtient une abondante moisson.

Il est un problème très-difficile à résoudre, et qui, depuis longtemps, préoccupe l'administration et les chimistes. Je veux parler du rouissage, qui se fait généralement dans les rivières ; si, sous le rapport du travail qu'il nécessite, le chanvre présente de très-grands avantages, l'extension de sa culture peut offrir de très-graves inconvénients au point de vue de la salubrité. Le rouissage dans les rivières, empoisonne les eaux et détruit le poisson ; les miasmes qu'il dégage empestent l'air et peuvent déterminer des épidémies. Enfin, comme beaucoup de localités manquent de fontaines et sont obligées de s'alimenter dans les rivieres, l'usage des eaux altérées par le rouissage doit produire des accidents chez les hommes et chez les animaux qui les absorbent ; si donc l'on veut développer la culture du chanvre, il faut aussi chercher à résoudre le difficile problème du rouissage par des procédés industriels rapides, économiques.

Reste la question du broyage des tiges, également mise à l'étude par la Société d'agriculture du Mans, mais qui se trouve beaucoup plus près d'une solution ; ici, le concours régional nous offre des machines de formes différentes, et qui résument, en quelque sorte, tous les procédés connus depuis le simple broyage à la main jusqu'au broyage à la mécanique la plus perfectionnée.

Le broyage à la main, encore employé dans une partie de la France, se fait au moyen de deux instruments en bois ; le premier qui sert à écraser le tuyau se compose de deux pièces attachées ensemble à une extrémité, et dont la pièce supérieure est mobile ; chacune des deux pièces est armée de deux dents qui saisissent les tiges et les broient. L'opérateur tient la poignée d'une main et manœuvre la broyeuse de l'autre ; cette première façon ne sert qu'à dégrossir ; le second appareil qui a pour objet de dégager complètement les fibres de toutes les parties ligneuses se compose de deux lames mobiles en bois, plus minces, que l'on abaisse sur deux autres lames fixes, et a travers lesquelles on fait passer la poignée déjà débarrassée des tuyaux. Cette seconde opération complète la première, il ne reste plus alors qu'à assouplir les filaments qui prennent ensuite le nom de filasse.

Sous le n° 182, M. Guibert expose une broyeuse-mécanique de son invention. Cet engin rappelle les broyeuses à la main que je viens de décrire ; il se compose de cinq à six lames en fontes, qui sont mues à bras, et au moyen desquelles on exécute le travail de la même manière que par les anciens procédés ; cette machine est tout ce qu'il y a de plus primitif; les moyens dont elle dispose sont imparfaits et les résultats qu'elle obtient sont nuls; elle ne vaut donc pas la peine qu'on s'y arrête.

Viennent après deux machines qui ont entre elles beaucoup de ressemblance et qui offrent un cachet industriel ; l'une est exposée par M. Delporte, l'autre par MM. Tertrain et Carlier; cette dernière, qui ressemble à une machine à battre les grains (n° 333), se compose d'un cylindre armé de cinq batteurs ; il n'y a pas de contre-batteur lorsqu'on veut broyer le chanvre; le cylindre est en tôle et les batteurs en fer; un manége à deux chevaux sert de moteur; l'homme qui broie reçoit la poignée des mains d'un enfant, il en engage la moitié sous le cylindre, et quelques secondes suffisent pour écraser les tuyaux; il retire alors cette première moitié, présente l'autre et le dégrossissage est terminé. Pour enlever toutes les parties ligneuses que la première opération n'a pu faire disparaître, l'opérateur présente une seconde fois la poignée à la machine et le chanvre se trouve ainsi broyé complètement.

Cette machine, sans le manége, coûte 250 fr.; au moyen du corps de rechange, elle peut servir au battage du blé et des graines de trèfle; sous ce rapport, elle simplifie beaucoup le matériel de la ferme ; mais on lui reproche de causer des accidents regrettables; comme le cylindre tourne avec une grande rapidité, il faut que l'ouvrier tienne très-fortement les poignées de chanvre; or, quelquefois, pour n'avoir point à serrer trop la main, il passe la poignée autour de son bras ; dans cette situation, il peut arriver que par distraction, un ouvrier laisse entraîner sa main jusque sous les batteurs. Mais alors, une fois la main engagée, il faut que tout le bras y passe ; ces accidents, quoique rares, font naître la défiance au sujet de ces machines. C'est pourquoi on s'est livré à de nombreuses recherches dans le but de les perfectionner.

Un membre de la Société du matériel agricole, M. Leveau, mécanicien, croit avoir résolu ce problème ; sa machine est beaucoup plus simple que celle de MM. Tertrain et Carlier; elle ne présente aucune espèce de danger pour l'opérateur ; elle ne brise pas les fibres filamenteuses du chanvre ; elle laisse moins de déchet ; mais elle ne peut servir ni au battage du blé, ni à l'égrainage du trèfle.

Cet engin se compose de deux cylindres cannelés, qui s'engrainent l'un dans l'autre et tournent dans le même sens. Sur le devant se trouvent deux cylindres vides, hérissés de pointes, qui ont un mouvement horizontal, et qui marchent en sens contraire. Un manége ou une machine à vapeur fournit la force motrice. Lorsque la broyeuse Leveau travaille, un ouvrier présente la poignée aux deux cylindres cannelés qui brisent les tuyaux. De là, la poignée s'engage sous les cylindres armés de pointes et dont le mouvement inverse fait l'office de secoueur. La poignée sort par l'autre extrémité présentant un aspect floconneux ; elle est reçue par un ouvrier qui la secoue pour la débarrasser de toutes ses parties ligneuses.

Cette machine est très-simple, très-ingénieuse; on peut, au moyen d'un mécanisme bien approprié, serrer ou desserrer les cylindres secoueurs, ce qui permet de broyer toutes sortes de tiges, épaisses ou minces, et d'obtenir des filaments bien dégagés.

Le broyage mécanique du chanvre soulève un problème que tous les inventeurs n'ont pas complètement résolu. Il s'agit de séparer les parties ligneuses des filaments sans porter atteinte à ces derniers. Les chanvres les plus chers sont ceux dont les fibres sont les plus longues; lorsque ces fibres viennent à être brisées plusieurs fois de suite, elles perdent une partie de leur valeur. Toute machine à broyer ne sera donc parfaite qu'à la condition de conserver les filaments entiers, et de faire le moins de déchet possible. A cet égard, la Société du matériel agricole s'est livré à des études comparatives : il en résulte que la broyeuse Leveau donne 10 0/0 de rendement de plus que par les procédés à la main, et que les fibres demeurent plus longues. La Société a fait également des essais pour connaître le degré de résistance que peuvent présenter le chanvre broyé à la main et le chanvre broyé par la machine Leveau. Ces essais, exécutés trop en petit, n'ont point donné des différences appréciables.

La Société n'a pu encore se livrer à des études pour constater si, relativement à la longueur, à la résistance des fibres et au rendement, il existe des différences entre les chanvres obtenus par la machine de MM. Tertrain et Carlier et par celle de M. Leveau. Ce sont là des études qui intéresseraient au dernier point les cultivateurs et leur serviraient de guide dans le choix des appareils pour la préparation de leurs chanvres. J'engage la Société à ne point négliger ces essais.

Une autre question fort importante est celle du prix de revient. Combien un kilogramme de fibres broyées coûte-t-il de main-d'œuvre ? Hier j'ai pu me livrer à quelques recherches sur ce grave sujet, je m'en vais donner ici le compte du prix de revient qui incombe à chacun des divers procédés de broyage.

Façon à la main.

En 10 heures de travail, un homme fait en moyenne 18 kilogrammes de chanvre qui coûtent 2 fr. 65, dont voici les détails :

Salaire	2 fr. 25
Location de la braie.	» 10
Chauffage des tiges	» 30
Total égal.	2 fr. 65

Par ce procédé, le plus ancien de tous, le broyage coûte de 13 à 14 centimes le kilogramme.

Machine de MM. Tertrain et Carlier.

En 10 heures de travail, cette machine, qui n'a pas besoin de chauffer les tiges, peut broyer 100 kilog. en moyenne, qui coûtent 16 fr. Cette dépense se décompose de la manière suivante :

Deux chevaux pour le manége	8 fr. »
Deux hommes (salaires).	4 50
Deux femmes. —	2 50
Intérêt et amortissement de la machine. . .	1 »
Total égal.	16 fr. »

Avec la machine Tertrain et Carlier le broyage d'un kilogramme coûte 16 centimes.

Machine de M. Leveau.

En 10 heures de travail, cet engin, mû par deux chevaux de ferme, peut broyer 400 kilogrammes de chanvre qui coûtent 22 fr. 25. Voici comment se décompose cette dépense :

Deux chevaux	8 fr. »
Quatre hommes.	9 »
Une femme	1 25
Chauffage.	3 »
Amortissement et intérêt.	1 »
Total égal.	22 fr. 25

Avec la machine Leveau mue par un manége, le broyage d'un kilogramme de chanvre coûte 5 centimes et demi.

La même machine, mue par la vapeur, donne en 10 heures 600 kilogrammes de chanvre qui coûtent 30 fr. 75, et dont les détails sont comme suit :

Un cheval vapeur	6 fr.	»
Un chauffeur.	5	»
Six hommes	13	50
Une femme	1	25
Chauffage.	5	»
Total égal.	30 fr.	75

Avec la machine Leveau mue par la vapeur, le broyage d'un kilogramme de chanvre coûte 5 centimes 10.

En résumé, voici ce que coûte le broyage d'un kilogramme de chanvre par l'emploi des divers procédés que nous venons de décrire.

	CENTIMES.	
Procédé à la main	13	50
Machine Tertrain et Carlier	16	»
Machine Leveau à manége.	5	50
La même mue à la vapeur.	5	10

Ainsi, en supposant ces chiffres exacts, le broyage coûterait plus cher par la machine Tertrain et Carlier que par les procédés à la main. Nous livrons à nos lecteurs ces résultats pour ce qu'ils valent ; nous appelons sur ce sujet important l'attention des praticiens afin qu'ils vérifient nos calculs, et puissent se décider en connaissance de cause dans le choix des instruments broyeurs.

CULTURE ET RÉSINAGE DU PIN

La culture des essences résineuses, telles que le pin maritime, le pin sylvestre, le sapin, le mélèze, se fait aujourd'hui, en France, sur une très-vaste échelle. Elle a permis de mettre en valeur des étendues considérables de terres improductives depuis des siècles, et qui donnent maintenant de très-bons revenus. Aussi, lorsque les concours régionaux ont lieu dans ces contrées, on voit toujours figurer sous les tentes des spécimens de plantations, des collections d'outils qui servent à la culture et à l'exploitation de ces bois; enfin, des échantillons nombreux de tous les produits que le pin maritime peut donner en résine, en braie, en huiles et en essences de toute sorte.

Sous ce rapport, notre concours laisse beaucoup à désirer. La Sarthe et Indre-et-Loire sont deux départements où les plantations d'espèces résineuses abondent. Ces plantations ont permis d'utiliser d'immenses plaines, couvertes de sables et de marécages restés jusque-là stériles. Je devais donc m'attendre à ce que la promenade des Jacobins me présentât plusieurs spécimens de ces cultures ; j'étais d'autant plus porté à le croire que des essais de *gemmage* ou de *résinage*, entrepris tout récemment dans la Sarthe, donnent à la question un nouvel intérêt ; en effet, s'il réussit, le résinage des pins maritimes peut facilement tripler le revenu des sapinières sans porter atteinte à la production du bois. Alors on pourrait dire avec justesse : il n'y a plus de mauvaises terres dans la Sarthe.

Malheureusement, l'exposition se borne à quelques échantillons sans importance, relégués sous la tente des produits et mis hors concours par suite de déclaration tardive. C'est là un contre-temps fâcheux, mais qui ne m'empêchera pas de traiter avec étendue un sujet qui, avec la question du chanvre, se place en premier ordre pour le département de la Sarthe.

La culture et le résinage du pin maritime ont enrichi les landes de Gascogne. Cette terre, composée d'un sable très-fin, qui repose sur une couche d'*alios*, rapporte aujourd'hui presque autant de revenus que les cultures industrielles du nord. Il est vrai que depuis quelques années les résines sont très-chères ; mais toujours est-il que voilà près d'un demi-siècle que les landes de Gascogne sont habitées par des propriétaires qui se font 100,000 livres de rentes avec leurs *pinadas*.

En Champagne, les plantations de pins, dont l'origine remonte au commencement du siècle, ont permis de fertiliser les terres crayeuses, qui produisaient à peine de l'herbe pour nourrir de maigres moutons. Aujourd'hui, le voyageur cherche vainement à découvrir cette Champagne *pouilleuse* que Arthur Young décrit si bien avec tristesse. Au lieu de ces vastes plaines désertes désolées par les vents, par la sécheresse, on rencontre de longues plantations d'arbres résineux qui abritent de belles cultures. Le département de la Marne, qui jadis ne récoltait pas assez de blé pour sa nourriture, en exporte maintenant des quantités considérables ; cette heureuse transformation, il faut l'attribuer aux plantations de pins.

En Sologne, c'est encore le pin qui est venu tirer ce triste pays de sa dure misère. Les forêts d'essences résineuses le recouvrent à perte de vue. Jusqu'ici ces bois étaient coupés de 25 à 30 ans, et trouvaient un débouché fort avantageux ; mais voici que des essais de résinage, commencés depuis quelque temps déjà, vont peut-être modifier l'assolement. Si ces essais répondent aux espérances de ceux qui les poursuivent, la Sologne deviendra un jour aussi riche que les landes de Gascogne. Quoi qu'il en soit, c'est à la culture du pain maritime que la Sologne doit en partie sa régénération.

Dans la Sarthe, les résultats ne sont point encore aussi brillants ; mais ils commencent à satisfaire les esprits les plus difficiles. Ici les ensemencements remontent assez haut ; mais ils ne s'exécutent sur une vaste échelle que depuis le commencement du siècle. C'est vers 1760 que les premiers semis de pins maritimes furent faits à Montfort par M. de Murat, grand'père de M. de Nicolay. On voit encore aujourd'hui, dans cette propriété, de vieilles écorces qui datent de cette époque ; mais ce n'est guère que vers 1810 que les semis s'exécutèrent en grand et en vue de faire des bois exploitables. MM. de Nicolay, de Vansay et de Moncé donnèrent l'impulsion. A leur exemple, on a vu depuis tous les propriétaires de landes marécageuses et parsemées d'étangs, en partie desséchés maintenant, les couvrir de pins maritimes. Les terres ainsi cultivées forment une zône de 8 kilomètres de large sur 32 kilomètres de longueur, qui part des environs du Mans et se prolonge jusqu'au dessus d'Arnage. En dehors du département, la même zône, après avoir franchi la Loire, se poursuit jusqu'aux portes de Tours. C'est là une partie importante de la région à laquelle il faut ajouter la Sologne tout entière. Une superficie aussi considérable mérite bien qu'on s'en occupe, alors surtout que les intéressés eux-mêmes doivent être taxés de négligence.

La culture du pin, dans la Sarthe, se fait après un labour et un hersage. Pour abriter les jeunes plantes la première année, on les sème avec du seigle, qui les protége contre les intempéries. Le semis se fait très-dru, système critiqué par quelques personnes, mais que j'approuve pour ma part. En effet, lorsque les jeunes pins sont très-drus, ils couvrent complètement le sol, moins accessible alors aux rayons du soleil en été, et aux froids pénétrants de l'hiver ; ils se garantissent ainsi les uns les autres contre la sécheresse, contre la gelée qui a moins de prise sur eux. On reproche encore aux semis trop drus d'empêcher le rapide développement des jeunes pins ; on dit qu'après chaque éclaircie les racines des sujets coupés nuisent à celles des sujets qui restent, et que la végétation s'en trouve atteinte ; mais ces critiques n'ont rien de fondé. En fait, les semis ne se développent avec vigueur que lorsqu'ils sont très-serrés ; c'est dans cet état que les tiges s'élancent et acquièrent les proportions de hautes futaies. Seulement il faut, à mesure que les arbres croissent, leur donner de l'air, de l'espace et de la lumière, c'est ce que l'on obtient au moyen des éclaircies. Dans la Sarthe, les semis ne restent guère que 30 ans sur pied ; on fait la première éclaircie environ à 6 ans, la seconde à 8, la troisième à 12, la quatrième à 16, enfin la cinquième à 20 ans. A partir de cet âge jusqu'au moment de la coupe, qui a lieu d'ordinaire à 30 ans, on ne fait plus que de simples élagages sans importance.

Les éclaircies sont, comme je viens de le dire, un moyen certain d'accélérer la croissance des jeunes arbres ; mais les élagages qui se pratiquent en même temps leur sont très-pernicieux ; ils arrêtent tout court leur développement. Que diriez-vous d'un homme qui couperait les bras à son enfant sous prétexte qu'il grandira plus vite ? Eh bien, l'élagage est encore plus nuisible aux jeunes pins ; on sait en effet que les végétaux respirent par leurs feuilles, et qu'au moyen de ces organes essentiels ils puisent dans l'atmosphère une partie des éléments dont ils se composent : c'est en général tout ce qui se volatilise par la combustion. Le reste, c'est-à-dire les cendres, a été emprunté au sol par les racines. Si donc les plantes puisent dans l'air beaucoup plus de leurs principes constitutifs qu'ils n'en puisent dans la terre, toutes les fois qu'on fait disparaître chez elles les organes respiratoires, les feuilles et les branches, on leur enlève la faculté de grandir ; c'est comme si on enlevait les organes de la génération à un reproducteur et qu'on réclamât de lui les mêmes services qu'il rendait avant la castration.

Chez les essences résineuses qui sont destinées à produire des hautes futaies, la nature a fait plus encore. D'abord elle les a pourvues de branches très-nombreuses qui dès le jeune âge se montrent tout le long de la tige ; ensuite elle leur a donné une inclinaison vers le sol qui les empêche d'attirer la sève. Ainsi disposées, ces branches dont les aiguilles sont infinies, puisent en grande abondance dans l'air les principes constitutifs de l'arbre ; mais en raison de leur inclinaison vers le sol, elles ne gardent presque rien pour elles-mêmes et transmettent au tronc tous les éléments qu'elles élaborent. C'est ce qui explique pourquoi les essences résineuses se développent surtout en longueur. Quant aux branches les plus rapprochées du sol, elles périssent d'elles-mêmes aussitôt que les branches des étages supérieurs peuvent suffire à l'alimentation de la tige ascendante et lui fournir tous les matériaux nécessaires pour son accroissement.

Telle est la manière véritablement sage dont procède la nature; assurément lorsque les cultivateurs de la Sarthe élaguent leurs pins à six ans et en font disparaître la majenre partie des branches, ils ne se conforment pas aux lois de la Providence; ils vont à leur encontre. C'est pourquoi au lieu de hâter le développement de leurs plantations, ils l'arrêtent; privés des organes respiratoires, les pins ne peuvent plus prendre leur élan; ils restent donc chétifs, infirmes, rabougris et ne donnent en définitive qu'un mince revenu. Le propriétaire qui traite ses pins avec si peu d'intelligence, ressemble au laboureur qui couperait son blé en herbe. Après cet acte déraisonnable, comment pourrait-il espérer une bonne moisson? Je ne saurais donc trop recommander aux possesseurs de *sapinières* de s'abstenir de tout élagage, s'ils veulent avoir de grands arbres. Avec toutes les branches, ces arbres pousseront plus rapidement et donneront de longues pièces de bois propres à faire des poteaux télégraphiques, de la charpente et des sciages, etc. D'ailleurs, aujourd'hui que les essais de résinage entrepris tout récemment paraissent devoir réussir, les propriétaires ont un intérêt plus direct encore à obtenir rapidement des sujets qui fournissent de la résine. Il est temps enfin que l'élagage cesse, voilà tantôt un demi-siècle qu'il fait éprouver de grandes pertes à tous ceux qui possèdent des plantations dans la Sarthe.

Lorsque les sapinières arrivent à trente ans, on les coupe, on donne ensuite un labour et on recommence à semer; les plantations actuelles sont à leur troisième rotation : on s'accorde généralement à dire qu'elles dégénèrent. Comment en serait-il autrement? Est-ce que le sol ne finit pas par s'épuiser lorsqu'on lui donne toujours la même plante? Ce phénomène qui se produit sur nos meilleures terres, se manifeste également sur nos vieilles landes marécageuses que l'on couvre sans cesse de bois. Il faudrait donc avant de les réensemencer de pins, leur confier d'autres plantes, ce qui leur donnerait du repos et leur permettrait de se refaire.

En Champagne, la culture des résineux alterne avec la culture des céréales et des fourrages. Les pins que l'on plante de préférence, sont espacés de 8 à 10 mètres en tous sens. Durant leur jeune âge, on laboure les allées et on y sème du sainfoin; les troupeaux de moutons trouvent là un excellent paturage. Lorsque les arbres couvrent le sol de leurs branches, on cesse toute espèce de labour; arrivé à trente ans, on arrache les pins et on défonce la terre; et comme cette terre a été enrichie par les feuilles des arbres et par le travail des racines, on lui confie des céréales et des fourrages jusqu'à ce que la fertilité s'épuise. On recommence ensuite à faire de nouvelles plantations.

Je recommanderais ce système dans la Sarthe; mais on me dit qu'il est impraticable parce que le sol des sapinières est trop humide pour se prêter à la culture du blé, de l'avoine, du seigle, du sainfoin et de la luzerne. Faute de pouvoir mieux faire, il faut donc renouveler les semis aussitôt après l'abattage des pins : c'est là une nécessité que je déplore; mais il me semble alors qu'au lieu de s'en tenir exclusivement au pin maritime, il faudrait lui allier d'autres essences telles que l'aulne, le peuplier, le tremble, qui aiment les terrains humides. On pourrait encore dans les parties qui ne sont pas trop mouillées, faire comme M. Dugrip a fait à la Foucherie; avec des résineux M. Dugrip a semé du chêne, du bouleau, du châtaignier, qui se développent plus lentement. Lorsque les pins ont eu atteint leurs croissances, il les a coupés, et les autres espèces sont restées seules en possession du sol. Les mélanges me semblent donc sous tous les rapports préférables au semis d'une seule essence, si l'on veut prévenir l'épuisement de la couche végétale de nos vieilles landes marécageuses, qui est déjà si pauvre.

Quelques personnes ont essayé de faire suivre les pins par des prairies; ce sont là des essais qui méritent d'être suivis avec soin. Quand bien même ces sortes de prairies ne pourraient durer que quelques années et ne donneraient qu'une faible coupe, dût-on même ne les considérer que comme de simples pâturages, il vaudrait encore mieux recourir à cet expédient. Une sole d'herbe ou de fourrage, n'aurait-elle que de 6 à 8 ans de durée, permettrait à la terre de se reposer, et préparerait admirablement le retour des bois de pin. J'engage les cultivateurs intelligents de la Sarthe à faire des essais dans la voie que j'indique.

La culture du pin, eu égard à la valeur du sol sur lequel on l'établit, est assez lucrative. M. Dugrip en évalue le revenu de

6 à 7 0/0 du capital engagé ; voici comment il base ses appréciations.

Un hectare de landes coûte 600 fr. toute nue ; le labour et l'ensemencement s'élèvent à 70 fr. par hectare, on y emploie 25 kilos de graine de pin maritime. La première éclaircie, faite à sept ans rapporte 40 fr., les quatre autres 80 fr. chacune, soit 320 fr.; le revenu des vingt premières années est donc de 380 fr. qui représentent l'intérêt du capital engagé à 2 1/2 0/0. Mais au produit des éclaircies il faut ajouter huit francs par hectare et par année pour les menus fruits des sapinières, tels que pâturage, bruyères, sapinettes et pommes de pin. L'intérêt des vingt premières années se chiffre donc par 540 fr. Il est vrai que pendant les dix années suivantes, le revenu est presque nul; mais à 30 ans, l'hectare vaut 1,500 fr. sol et superficie, ce qui porte les recettes au compte du revenu à 1,520 fr. si l'on tient, d'ailleurs, compte des pommes de pin et des bruyères durant la dernière période. Or, la somme de 670 fr., capital primitif multiplié par 30 ans, donne 20,100 fr., et comme nous avons 1,520 fr. de recettes qui doivent servir à l'intérêt de 20,100 fr., c'est un revenu définitif de 7 1/2 0/0. Les bases sur lesquelles M. Dugrip s'appuie sont donc exactes.

Maintenant, si au lieu d'exploiter notre sapinière à 30 ans, nous préférions aller jusqu'à 40, alors l'hectare, sol et superficie, vaudrait au moins 3,000 fr. ; le capital primitif composé représenterait 26,800 fr. et serait servi par une recette de 2,330 fr., ce qui ferait un intérêt supérieur à 10 0/0. On voit par ces calculs que la culture des pins est lucrative.

Mais elle le deviendrait bien plus encore si on pouvait appliquer à nos sapinières les procédés de résinage connus dans les landes de Gascogne. Ces procédés viennent d'être mis à l'étude chez M. de Nicolay à Montfort, et chez M. de Saint-Remy, à la Chapelle. Ces messieurs ont fait venir des landes de Gascogne des hommes spéciaux avec lesquels ils ont des traités de cinq ans. M. de Nicolay abandonne à M. Combe d'Alma, pendant les deux premières années, les deux tiers des produits du résinage; pendant les trois dernières années le partage aura lieu par moitié. M. Combe se charge de tous les frais d'extraction.

M. de Saint-Rémy, le seul qui expose des produits de la nouvelle industrie, a traité avec M. Cabannes, de Castel jaloux. Il a avec lui un marché ferme, pour l'exécution duquel les arbres sont divisés en quatre catégories suivant leur grosseur.

Les pins de 45 centimètres de circonférence à un mètre du sol, sont payés 10 centimes de location par année; ceux de 60 centimètres, 25 centimes; ceux de 80 centimètres, 30 centimes; enfin, au-dessus de un mètre de circonférence, ils sont payés 40 centimes. Dans les landes de Gascogne, autrefois le résineur avait la moitié de la récolte. Depuis la hausse on l'a limité à 100 francs par chaque barrique bordelaise de résine.

Le résinage est une opération très-simple. Avec une hache on fait dans le pin une entaille peu profonde que l'on doit rafraîchir le plus souvent possible, afin que la résine s'écoule plus facilement. La première année, l'entaille s'étend sur un parcours de 55 centimètres; pendant les quatre suivantes, elle se prolonge de 90 centimètres par année, ce qui fait environ 4 mètres à la fin de la cinquième. A l'expiration de cette période on s'arrête et on laisse le pin se reposer; on recommence ensuite les entailles à côté de l'ancienne, en laissant entre chaque période de *gemmage* une autre période de 4 à 5 ans de repos. On peut ainsi pousser l'exploitation jusqu'à 150 ans. Arrivé à ce point, on coupe les arbres et on recommence l'assolement.

La résine coule le long de l'entaille et tombe dans un récipient qui, le plus souvent, est en terre argileuse; mais depuis la hausse considérable que les térébenthines ont éprouvée, M. Hugues, de Bordeaux, a imaginé un nouveau système de cueillette qui augmente beaucoup l'importance de la récolte; ce système consiste à remplacer le récipient en argile par un petit pot en terre vernissée. Pour prévenir les pertes, M. Huges place, vers le bas de l'entaille, une armature en zinc qui dirige toute la résine dans le récipient. Chaque année, à mesure que l'entaille s'allonge, il relève le petit pot et l'armature et les fixe tout près de la ligne nouvellement entaillée. Il empêche ainsi les pertes considérables qui avaient lieu avec l'ancien système.

A son tour, M. Cabannes va plus loin encore que M. Hugues; il soutient que le pot de terre vernissée, en s'échauffant, laisse évaporer l'essence de la résine; ce qui réduit sensiblement la récolte. Pour remédier à cet inconvénient, il propose de substituer un godet en bois au pot de terre. Déjà il a mis son nouveau procédé à exécution chez M. de Saint-Rémy. Il expose une machine de son invention, au moyen de laquelle on peut faire un godet en bois de pin dans une minute. Ce godet lui coûte deux centimes et demie; il dépense encore la même somme pour l'armature en zinc, de telle sorte que l'appareillage de chaque pin lui revient à 5 centimes, ce qui n'est pas une dépense exagérée eu égard aux bénéfices qu'on en retire.

On pourra voir aux Jacobins, sous la tente des produits, la machine Cabannes pour trouer les godets en bois ; on y trouvera également un spécimen de résinage d'après le système Hugues ; la collection des outils qui servent au résineur, enfin une barrique de résine, provenant de chez M. de Saint-Rémy. C'est là, selon moi, une des choses les plus intéressantes du concours. Je crois à l'avenir du résinage dans la Sarthe, et je considère ce nouveau mode d'exploitation des sapinières comme une véritable mine d'or, qui doit enrichir tous les propriétaires compris dans la zone des plantations.

ESPÈCE BOVINE

I

Le catalogue ne reconnaît dans la région que deux races principales qui sont la cholletaise ou *vendéenne* et la charollaise. Il relègue la mancelle dans la catégorie des races diverses ; c'est dire que cette race semblerait être à peu près inconnue tandis qu'elle peuple presqu'exclusivement les étables de la Sarthe. Pourquoi cette espèce de déni de justice ? Il est probable qu'en laissant la race mancelle dans l'ombre, on a voulu mieux faire ressortir ses croisements avec les courtes-cornes, qui ont complètement envahi la Mayenne, et qui voudraient encore s'emparer de la Sarthe.

A cet égard, je crois qu'il convient de modérer le zèle malencontreux des *durhamistes*, en leur présentant quelques chiffres. Il y a deux années de cela, la Société du Mans, peu satisfaite des tendances nouvelles, voulut savoir si en fait les durham-manceaux étaient aussi nombreux que certaines personnes le prétendaient. Elle nomma une commission qui se rendit à la foire de Sablé ; or, cette commission, par l'organe de M. Dugrip, constata que, sur 2,000 bœufs réunis en foire, 75 seulement appartenaient à la prétendue race croisée. Ces animaux, que les herbagers normands payèrent 50 fr. de plus par tête que les manceaux purs, provenaient des fermes les plus renommées du département, entre autres de chez M. Courtillier et de chez M. Landeau. Est-ce vraiment la peine de faire tant de bruit pour un aussi mince résultat, et croit-on qu'il soit convenable pour satisfaire l'amour-propre de quelques *durhamistes*, de rayer du catalogue la race la plus nombreuse du pays ?

Choquée de cette décision, sans doute prise un peu à la légère, la Société d'agriculture du Mans vient d'adresser une réclamation à M. le ministre pour demander que la race mancelle forme désormais une categorie. Elle s'est également adressée aux préfets de l'Orne, du Calvados et de la Manche, lesquels déclarent que, dans leurs circonscriptions, la race mancelle occupe une bonne place sur les herbages ; il est probable que, munie de ces attestations, la Société obtiendra la réparation de ses griefs.

De toutes les races françaises, la mancelle est celle qui se prête le mieux aux croisements avec les courtes-cornes. On attribue cette disposition aux métissages que cette race a elle-même déjà subis ; ce n'est pas, selon moi, une raison pour la détruire, mais bien au contraire pour la conserver avec soin et l'améliorer par une bonne sélection, par une meilleure *nourriture*. A ce mot de nourriture, on me permettra ici de dire toute ma pensée. Je vois avec un véritable chagrin que les animaux de la Sarthe sont très-maigres, et que cette maigreur n'est pas le résultat d'un accident, mais d'un régime d'abstinence auquel on les soumet ; il paraît que le carême dure toute l'année pour ces animaux. Afin de m'en assurer, il m'a suffi de palper les sujets. Ceux qui, dès leur jeune âge, ont pâti de la faim, ont la peau collée sur les os ; cette peau est sèche, rude, difficile à détacher. En promenant la main sur les différentes parties du corps, on n'y rencontre pas le moindre muscle ; de quelques-uns d'entre eux, on dirait des squelettes préparés pour faire une séance d'ostéologie. En arrivant à la troisième catégorie, celle dans laquelle les exposants de la Sarthe figurent en plus grand nombre, j'ai été frappé de cette circonstance ; le fait s'est renouvelé si souvent que bientôt je n'ai plus eu besoin de recourir à mon catalogue. A leur état de maigreur j'ai pu deviner les animaux qui appartiennent à la Sarthe.

Je n'ai point dissimulé aux exposants l'impression défavorable que me faisait éprouver un tel spectacle. Qu'ont répondu les éleveurs ? ils m'ont dit que le fourrage était très-rare, et qu'il fallait l'économiser. — J'ai répliqué qu'un homme sage, j'ai presque dit humain, ne doit avoir dans ses étables que le bétail qu'il peut convenablement nourrir. Je suis allé jusqu'à invoquer la loi Grammont qui réprime les sévices exercés envers les animaux domestiques; n'est-ce point, en effet, un traitement cruel que de laisser pâtir de la faim les pauvres animaux qui nous rendent tant de services durant leur existence et qui nous alimentent de leur chair lorsqu'ils ne sont plus ?

J'engage les éleveurs de la Sarthe à mieux traiter leur bétail, c'est la seule manière d'en retirer un bon revenu. Lorsqu'un animal ne satisfait point son appétit, il ne donne pas toute sa croissance; la faible ration qu'il consomme est une perte pour l'éleveur. Au contraire, l'animal bien nourri dès son jeune âge grossit rapidement; ses formes s'améliorent; il acquiert de la précocité; il s'engraisse de bonne heure, à peu de frais, et les profits qu'il laisse sont bien plus considérables. Maintenant, si les cultivateurs de la Sarthe manquent de fourrage, à qui la faute? à leur amour pour la routine; au lieu de semer beaucoup de céréales, leur dirons-nous, semez-en très-peu; introduisez dans votre assolement les plantes fourragères, cultivez les racines, cultivez le choux du Poitou qui a fait la fortune de la Vendée. Vous aurez ainsi vos granges pleines, vous pourrez élever beaucoup de bestiaux, et comme la viande devient de plus en plus chère, et qu'à cet égard vous n'avez pas la concurrence étrangère à redouter, vous réaliserez de plus amples bénéfices. Laissez donc de côté les céréales qui vous ruinent pour fabriquer beaucoup de viande qui vous enrichira.

Si les exposants de la Sarthe nourrissent mal leurs élèves, il n'en est pas ainsi des exposants du Cher et de la Nièvre. Je reprocherais même à ces praticiens émérites d'aller beaucoup trop loin et de prendre un concours de reproducteurs pour un concours de boucherie. Sans doute, j'aime les animaux aux formes cylindriques, mais je ne veux pas qu'on expose comme reproducteurs des animaux bouffis de graisse; un bon coq doit être maigre; c'est pourquoi si j'avais l'honneur d'être le jury à moi tout seul, je mettrais hors de concours les sujets que leur embonpoint me rendrait suspects comme reproducteurs.

A part ces reproches que je crois pleinement justifiés, je n'ai que des éloges à donner aux exposants des deux premières catégories. La race charollaise est splendide, j'en appelle aux *durhamistes;* s'ils n'ont point la berlue, ils avoueront sans se faire trop prier, que les charollais dans leur ensemble sont beaucoup plus beaux que les durhams. En général les courtes-cornes ont le corps beaucoup trop long, ils sont montés sur de longues jambes, ils manquent de symétrie, tandis que les charollais sont trapus, roulés et présentent des formes très-régulières. Les visiteurs pourront s'assurer d'eux-mêmes de ce que j'avance, ils n'ont qu'à étudier les deux catégories, à les comparer entre elles et à conclure. Je n'ai pas la prétention de leur imposer mes idées ; toutefois je me permettrai de citer à nos lecteurs les noms des exposants dont les produits me paraissent le plus recommandables.

Dans la race charollaise, sections des mâles, je recommande comme devant avoir les prix : le nº 48, à M. le comte de Bouillé ; le nº 50, à M. Signoret ; le nº 52, à M. Doury. La seconde section des mâles renferme des types tout aussi recommandables. Je signale le nº 55, à M. de Bouillé ; le nº 64, à M. Dindeau, et le nº 59, à M. Doury. Le nº 58, à M. Bellard, mérite également d'être mentionné.

Les femelles sont tout aussi parfaites que les mâles. Ici encore, M. de Bouillé figure au premier rang (nº 79) ; viennent ensuite M. Tiersonnier (nº 82), et M. Dindeau (nº 76). M. Alphonse Massé (nº 78) est digne d'une mention honorable. Dans la seconde catégorie des femelles, MM. Doury (nº 87), Suif (nº 89), Massé (nº 85), me paraissent venir en première ligne. Dans la troisième catégorie, je trouve encore MM. Doury (nº 94), et Massé (nº 104), puis M. Menet (nº 101). Je recommande à nos lecteurs tous les animaux que je viens de signaler. Je ne crois pas qu'ils en trouvent de plus beaux dans la catégorie de la race charollaise. Les exposants appartiennent en majeure partie au Cher et à la Nièvre.

Parmi les noms que je viens de citer, il en est qui appartiennent à l'histoire ; ainsi, M. Alphonse Massé est le fils de M. Louis Massé, que je considère comme le restaurateur de la race charollaise. C'est à ses efforts et à sa persévérance que l'on doit cette magnifique race, jadis confinée dans un arrondissement de Saône-et-Loire, et aujourd'hui répandue dans plusieurs de nos départements du centre. M. Alphonse Massé a reçu de son père un précieux héritage ; j'espère que sa vacherie conservera la haute position que son fondateur avait su lui donner. Noblesse oblige.

Un nom qui devient aussi historique est celui de M. de Bouillé et de sa ferme de Villars ; c'est dans cette ferme que, sous la restauration, furent faits les premiers essais d'acclimatation du durham et du south-down, par M. Bouillé père. Depuis lors, M. Charles de Bouillé, en succédant à son père, à fondé une superbe vacherie de charollais purs, et une magnifique bergerie de south-downs; on peut dire, en toute sûreté de conscience, que la vacherie et la bergerie de Villars n'ont pas de rivales en France. M. Charles de Bouillé a déjà remporté huit coupes pour les moutons au concours de Poissy. Il est le lauréat de la prime d'honneur de la Nièvre; enfin, ses élèves ont presque toujours les premiers prix dans les concours de reproducteurs; voilà, certes, beaucoup plus qu'il n'en faut pour rendre un nom célèbre

Les races *vendéennes*, comme les appelle le programme, sont beaucoup moins perfectionnées que la race charollaise. Cependant elles font de notables progrès; les sujets de cette race, plus connue sous le nom de cholletais, attirent les préférences de la boucherie parisienne. Leur viande est très-estimée par les connaisseurs; celle des charollais ne lui est pas comparable; mais le charollais, beaucoup plus précoce et d'une plus grande taille, en donne davantage. C'est un mérite qui n'est point à dédaigner, par le temps de pénurie qui court. Les caractères de la race chollctaise sont bien connus; elle est de taille moyenne, bien prise dans son ensemble; son pelage est gris plus ou moins foncé, suivant qu'elle habite les Deux-Sèvres, la Loire-Inférieure ou les marais de la Charente; elle est rustique et bonne travailleuse. Mais ce qui la distingue surtout du Bazadais et de l'Aubrac, avec lesquels elle a de certaines analogies, ce sont les taches noires qu'elle possède à l'anus, au scrotum et autour des yeux; ces signes sont la marque de la race pure.

L'ensemble de cette catégorie est très-satisfaisant; ici les animaux n'ont pas un excès de graisse comme dans la catégorie des charollais. Après les avoir examinés avec soin, voici comment je fais mon classement: Jeunes mâles, MM. de la Massardière (n° 6); Babinet (n° 7); Mathieu (n° 8). — Mâles adultes: MM. de la Massardière (n° 13); Mathieu (n° 14); d'Alvarès (n° 10). Tous ces types sont dignes d'être étudiés avec soin.

Il y a également des femelles très-remarquables; parmi les génisses, je dois citer le n° 17, à M. de la Massardière; le n° 18, à M. Branthôme; le 19, à M. Mathieu. Dans les jeunes vaches, je recommande à nos lecteurs le n° 24, à M. Branthôme; le n° 25, à M. Babinet; le n° 26, à M. Maitais. Les vieilles vaches ont aussi quelques jolis types. On devra surtout s'arrêter devant le n° 31, à M. d'Alvarès; le n° 30, à M. Branthôme; le n° 29, à M. de la Massardière.

La catégorie tout entière mérite des éloges ; elle prouve que les éleveurs vendéens font de très-grands progrès. Qu'ils veuillent recevoir ici mes sincères félicitations. Ils ont bien mérité de l'agriculture, par les perfectionnements qu'ils ont apportés dans leur race ; ils ont bien mérité des consommateurs par les masses considérables de viande qu'ils envoient sur le marché.

Dans un second article, je terminerai tout ce qui est relatif à l'espèce bovine.

II

La catégorie des races françaises diverses comprend : des manceaux, des limousins, des bretons, des cotentins, des normands, des salers, des morvandeaux, des flamands et des nivernais ; les manceaux, qui peuplent le pays, sont assez rares. Je remarque seulement deux taureaux assez médiocres, appartenant l'un à M. Guittet (n° 116), et l'autre à M. Choquet (n° 120). Quant au n° 124, exposé par M. Hamelin, ce n'est point un manceau, mais un normand bien caractérisé ; deux mâles seulement, c'est peu, ce n'est rien si l'on considère que ces sujets semblent appartenir à des races différentes. Le n° 116 se rapproche du limousin, et le n° 120 n'est certainement point pur. Si la race mancelle n'avait jamais eu d'autres représentants, elle n'aurait certainement pas acquis cette réputation, qui lui assignait jadis une si bonne place parmi les variétés de l'espèce bovine.

Je préfère de beaucoup la vache de M. Vérel (n° 159), que je crois pure. Cette bête est fort belle ; elle a de la taille et de l'ampleur dans les formes ; on comprend qu'un taureau courtes-cornes fasse de bons produits avec cette femelle. Le n° 168, à M. Guiet, est aussi une mancelle de mérite ; elle ne vaut pas, toutefois, celle de M. Vérel. Quant au n° 173, à M. Courtillier, et au n° 174, à M. Champion, elles occupent la dernière place ; ces deux vaches sont maigres ; elles ont le cuir collé sur les os ; on voit qu'elles n'ont pas toujours mangé à leur saoul. Triste chose que de voir des animaux réduits à cet état de détresse ; comment, avec une pareille parcimonie, peut-on espérer qu'une race s'améliore ? Je doute même que dans un tel état on puisse la croiser avantageusement avec les courtes-cornes.

La race mancelle n'est point laitière, c'est ce qui explique la présence à l'exposition des vaches cotentines, normandes, bretonnes, flamandes, hollandaises, ayrshire, qui existent en assez grand nombre dans la Sarthe, la Vienne et autres départements de la région. Au reste, la charollaise et la choletaise ne sont point elles-mêmes laitières ; ce n'est pas que l'herbe manque dans la Nièvre, et que les paturages fassent défaut dans la Vendée. Mais la charollaise est plutôt conformée pour le travail et pour la boucherie, tandis que chez le choletais c'est l'aptitude au travail qui domine. Est-ce à dire que dans ces deux races il n'y ait pas quelques bonnes laitières ? Il en existe quelques-unes, mais ce n'est pas la faculté qui domine, comme chez la cotentine, la flamande, la hollandaise. Toutefois, avec des nourritures vertes en abondance, et en choisissant toujours pour reproducteurs les vaches et les taureaux les mieux marqués des signes guénon, on pourrait, après une longue série de générations, transformer le charollais et le choletais en des races laitières. Avec des soins et de la persévérance, l'homme peut donner à la même race les aptitudes les plus diverses. D'abord il pourrait faire du durham, même avec nos races de travail les plus incultes ; il pourrait encore, d'une race de boucherie, faire une race laitière, comme il lui serait facile de changer une race laitière en une race de boucherie.

En France, la plupart de nos races cumulent les trois aptitudes du travail, du lait et de la viande. Tant que notre agriculture aura besoin de faire labourer les bœufs et les vaches il en sera ainsi. Je considère donc comme de purs théoriciens les hommes qui préconisent la *spécialisation* des races. La spécialisation est bonne en Angleterre, où l'espèce bovine est surtout destinée à fournir de la viande ; mais où trouver en France un pays qui fasse uniquement des bœufs de boucherie ? Nous avons la Mayenne qui vient d'entrer dans cette voie. Une fois *durhamisé*, que vouliez-vous que fit ce département ? du lait ? mais le durham n'est pas laitier ; des labours ? mais le durham est un monsieur qui ne travaille pas. Restait alors la viande. Les éleveurs de la Mayenne, à l'exemple de ceux de l'Angleterre, fabriquent donc des bœufs de boucherie. C'est là chose très-simple, très-facile ; mais recommandez aux éleveurs du Limousin, de l'Auvergne, de la Gascogne, de suivre cette voie. Ils vous répondront que chez eux l'élève de l'espèce bovine est faite surtout au point de vue du travail. Que si vous vouliez conseiller l'élève du durham aux herbagers de la Normandie, ils vous objecteraient que leur industrie à eux est de faire du beurre. Que les durhamistes de la Mayenne persistent dans leur voie, je le veux bien ; mais qu'ils cessent de vouloir faire des prosélytes, parce que le moment n'est point encore venu, pour l'agriculture française, de produire exclusivement des animaux de boucherie. Ce qu'il lui faut avant tout, ce sont des races qui réunissent au plus haut degré possible les trois aptitudes : travail, lait et viande.

Au milieu de ce pêle-mêle des races diverses françaises, il est assez difficile de se reconnaître. Un classement fait avec soin demanderait de longues heures ; toutefois, voici les animaux qui me paraissent devoir remporter les récompenses. Sans doute, je ne suis pas toujours d'accord avec le jury, mais il faut considérer que l'examen de tous les animaux exposés exige beaucoup de temps ; que le jury est divisé en plusieurs sections, et enfin qu'un simple particulier ne peut pas faire détacher les animaux et les mettre en ligne, afin de mieux juger des nuances qui les distinguent. Sous le bénéfice de ces observations, je m'en vais présenter mon classement.

Dans la catégorie des races diverses, je remarque le cotentin de M. Bary (n° 119) ; le breton de M. Malingié (n° 118); le limousin de M. Martron (n° 113); le morvandeau de M. Lacharme (n° 121). Voilà pour les jeunes. Parmi les adultes, il me faut signaler le cotentin de M. Augier (n° 128) ; le cotentin de M. Lallouet (n° 129), et le normand de M. Patheau (n° 126).

Dans les génisses, je dois citer la cotentine de M. Vérel (n° 143) ; la bretonne de M. Malingié (n° 139), et la cotentine de M. Déloges (n° 142). Quelques sujets, parmi les jeunes vaches, sont recommandables. Je désigne avec plaisir la mancelle de M. Vérel (n° 159) ; la cotentine de M. Laigle des Masures (n° 149) ; la bretonne de M. Malingié (n° 148) ; la bretonne de M. de Roujon (n° 146). Enfin, dans la section des vieilles vaches, je dois mentionner la cotentine de M. Lallouet (n° 177) ; la mancelle de M. Guiet (n° 168) ; la cotentine de M. Bary (n° 164) ; la cotentine de M. Laigle des Masures (n° 167) ; la cotentine de M. Déloges (n° 163).

La réunion de différentes races dans la même catégorie présente des inconvénients ; elle donne presque toujours la prépondérance à la race la plus belle, au détriment des autres moins parfaites, mais qui sont également utiles. Chaque race a sa raison d'être puisqu'elle répond aux exigences du sol et du climat et aux besoins des habitants. Chaque race a donc ses qualités, ses aptitudes, dont il est très-difficile de déterminer la valeur relative lorsqu'il s'agit de leur donner des prix.

Que dirai-je des durhams? Je trouve la collection assez belle; mais il me semble que la plupart de ces animaux dégénèrent. Quelques-uns ont acquis une longueur démesurée qui me choque; d'autres ont des formes très-massives, il est vrai, mais qui manquent d'harmonie. Lorsqu'on raisonne durham, je me montre très-difficile, car c'est là pour moi une véritable question d'art. Si l'on me présente des médiocrités, je déclare tout net que je préfère nos races nationales, notre charollaise surtout, qui offre de très-beaux types Les animaux d'une longueur démesurée et aux formes massives étaient en faveur en Angleterre il y a quelques années; mais nos voisins, qui sont aussi nos maîtres en zootechnie, ont reconnu leur erreur. Ils préfèrent aujourd'hui les animaux courts, cylindriques, et dont les formes conservent de la symétrie. Au risque de me brouiller avec le jury, je partage complètement les doctrines anglaises ; aussi, dans mon classement, j'ai éliminé avec soin tous les mastodontes disgracieux, en assez grand nombre sous les tentes. J'ai eu garde de me laisser séduire par les sujets difformes, monstrueux, qui rappellent les animaux antédiluviens. Mes préférences sont pour les types bas de jambes, ramassés, de taille moyenne, et qui conservent le mieux les caractères de la race anglaise. Après ces explications, que je croyais indispensables, voici comment j'opère mon classement : Parmi les jeunes taureaux, je place d'abord le nº 186, à M. Tachard; viennent ensuite le nº 187, à M. Lebreton ; le nº 182, à M. Salvat, et le nº 185 à M. Delaâge. Dans les tauraux adultes, je signale le nº 191, à M. Tachard; le nº 193, à M. des Cépeaux, et le nº 188, à M. Riverain. Les deux génisses que je préfère sont le nº 205, à M. Tachard, et le nº 206, à M. Tiersonnier. Deux jeunes vaches me semblent également supérieures : l'une appartient à M. Salvat, (nº 207); l'autre à M. Delaâge, (nº 209). Enfin, chez les vieilles vaches, je distingue le nº 214, à M. Signoret; le nº 215, à M. Tiersonnier ; le nº 216, à M. Delaâge, et le nº 217, à M. Salvat. Telle est ma classification. J'entends dire autour de moi que le jury a jugé d'une manière toute contraire; mais je n'en persiste pas moins dans mon opinion, parce qu'elle est conforme aux véritables doctrines, à celles que les Anglais professent.

La catégorie des races étrangères autres que le durham est peu nombreuse ; elle compte des hollandais, des ayrshire et des hereford. Parmi les mâles, je dois citer les taureaux hollandais de M. Noblet, (n° 220), et n° 222, et l'ayrshire de M. de Roujon, (n° 221). Dans les femelles, je remarque les hollandaises de M. Noblet, (n° 225 et 229), et l'ayrshire de M. de Laprade (n° 227).

J'arrive aux croisements, que je considère comme très-déplacés dans un concours de reproducteurs. Ces concours devraient être exclusivement réservés aux races pures; les croisements ne devraient être admis que dans les concours de boucherie ou dans des concours spéciaux qu'il faudrait créer pour les animaux de service : il ne faudrait jamais permettre aux métis de faire souche. J'espère donc que mieux avisée, l'administration fera disparaître les métis des concours de reproducteurs.

La première loi de la zootechnie enseigne de conserver les races pures; c'est une loi qui depuis un demi-siècle a été singulièrement méconnue : les croisements ont détruit nos différentes races équestres; il ne nous reste presque plus aujourd'hui que des bâtards sans nom, sans qualités. Dans l'espèce bovine, les croisements ont fait aussi beaucoup de mal; mais grâce au ciel, il s'opère aujourd'hui une réaction salutaire contre cette étrange manie; bientôt on en reviendra aux saines doctrines. On commence à comprendre que le croisement n'est qu'une amère déception, et qu'en définitive l'amélioration des races pures par elles-mêmes est la seule voie qui conduise au succès.

Sans entrer ici dans des considérations qui m'entraîneraient trop loin, je me borne à présenter la nomenclature des sujets les plus remarquables qui figurent parmi les métis-durhams. Je ferai seulement observer que sous le nom de métis je remarque des animaux qui ont à peine quelques atomes de sang indigène. Ces animaux figureraient tout aussi bien dans la catégorie des durhams purs.

Parmi les jeunes taureaux métis, je distingue le charollais-durham de M. Benoist d'Azy (n° 237); le durham-manceau de M. de Charnacé (n° 236). Dans les adultes, le durham-manceau, de M. Courtillier (n° 241); le durham-manceau, de M. de Charnacé (n° 240) ; le durham croisé (avec quoi ?), de M. Tauvin (n° 246). Les femelles sont plus belles que les mâles. Je remarque parmi les génisses la durham-mancelle (n° 266), à M. de Delaâge, et la durham-charollaise (n° 256), de M. de Certaines ; dans les jeunes, il faut citer les durham-mancelles (n°s 274 et 275), de M. Lebreton, la durham-mancelle (n° 272), de M. Delaâge; enfin dans les vieilles vaches, la durham-charollaise (n° 277), de M. Tiersonnier; la durham-mancelle (n° 287), de M. Delaâge; la durham-mancelle (n° 281), de M. de Charnacé, enfin la durham-charollaise (n° 283), de M. de Certaines.

La dernière catégorie, peu nombreuse d'ailleurs, comprend les croisements divers de toutes les races entre-elles; c'est là une véritable tour de Babel, et qui prouve combien les hallucinations peuvent êtres grandes chez les éleveurs. Je ne veux même pas m'occuper de cette catégorie, tant je suis chagrin de telles erreurs. Je me borne, en terminant, à formuler les règles qui doivent servir de guide à l'éleveur : il faut conserver les races pures; les améliorer par la sélection; ne faire des métis que pour la boucherie ou pour le service; ne jamais faire reproduire les métis entre-eux. Là est toute la zootechnie; hors de là point de salut.

ESPÈCE OVINE

Depuis l'origine des concours régionaux, c'est toujours le département qui en est le siége qui fournit le plus grand nombre d'exposants. Les faibles distances à parcourir expliquent cet empressement que tout justifie. Eh bien! ces observations s'appliquent-elles à la Sarthe? Non; encore que nos éleveurs n'eussent qu'une depense minime à supporter, ils ont fait preuve de la plus grande indifférence. J'ai déjà nommé les rares concurrents pour l'espèce bovine; dans l'espèce ovine, ils sont tout aussi rares. En voici la liste, elle justifiera la plupart des critiques que j'ai déjà adressées à ces cultivateurs peu diligents. M. Bary expose un bélier mérinos et un lot de brebis; M. Lemarchand, un lot de brebis même race; M. Vérel, un bélier et un lot de brebis de la charmoise; M. Courtillier, un bélier-dishley; M. Lépine, un bélier métis-dishley; M. Rigaux, un anglo-mérinos ; enfin, M. Vérel, un lot de brebis charmois-métis-mérinos. Voilà tout le bagage de la Sarthe en fait d'espèce ovine; certes, on ne peut pas dire qu'il soit trop lourd. Que serait-ce donc si nos éleveurs avaient eu à franchir la même distance que leurs confrères de la Nièvre et du Cher; assurément, ils eussent brillé par leur absence.

L'exposition ovine offre de très-beaux types; mais à côté

de ces animaux d'élite, il y a de très-grandes médiocrités. Je signalerai particulièrement la catégorie des mérinos, des south-downs et des croisements divers. Les catégories les mieux suivies sont celles de la charmoise et des berrichons. Il y a là de très-beaux spécimens qui appellent les études des véritables connaisseurs.

Dans la catégorie des mérinos, la palme appartient à M. Noblet, de Châteaurenard (Loiret). Je considère cet éleveur comme un des hommes ayant le plus fait pour restaurer la race mérine; M. Noblet ne s'est point laissé séduire par l'amour de la nouveauté. Arrière les dishley, les south-downs et les autres types étrangers, que l'on cultive souvent par amour-propre, et qui, toujours, vous causent mille déceptions. M. Noblet a pris le mérinos avec ses formes anguleuses, avec sa laine à carder, avec son peu de précocité, avec sa chair au goût du suint, et il en a fait un mouton aux formes cylindriques, dont la laine est propre au peigne, qui s'engraisse jeune et dont la chair est parfumée. Voilà, certes, une œuvre considérable, qui sauvera la race mérine de l'abandon dont elle était menacée et qui conservera à l'agriculture française un animal qui fit sa fortune vers le commencement du siècle?

Comment M. Noblet a-t-il pu résoudre ce difficile problème? c'est en conservant la race pure, en l'améliorant par la sélection, par des soins intelligents, par une nourriture plus abondante. La sélection lui a permis de faire disparaître les formes anguleuses et de donner plus de mèche à la toison. Or, en ouvrant la toison, non-seulement il l'a rendue propre au peigne, mais encore il a fait disparaître la surabondance du suint qui existe chez le mouton à laine tassée ; c'est ainsi qu'il a pu enlever à la viande son goût désagréable et lui donner une saveur que n'offre point la chair de l'ancien mérinos. Enfin, il a obtenu la précocité par une alimentation saine et abondante. Dès le jeune âge, le vieux mérinos, dont le rôle semblait exclusivement réservé à la production de la laine, ne pouvait guère s'engraisser avant quatre à cinq ans ; le mérinos de M. Noblet est aussi précoce que le south-down, que le dishley; à 12 ou 14 mois, il pèse de 80 à 90 kilos, poids vif.

Ce que je dis ici du troupeau de M. Noblet ne m'est point fourni par de simples notes. J'ai visité sa bergerie à Châteaurenard, et j'ai pu m'assurer par moi-même de tous les faits que j'avance; j'ai dégusté avec soin la chair d'un bélier de 22 mois qui avait fait la lutte, et j'ai constaté que cette chair, loin d'avoir le *goût de la laine*, expression consacrée, avait un petit goût parfumé tres-agréable. Au reste, cette qualité se retrouve chez le mouton mérinos-mauchamps, dont la toison ondulée n'a presque plus de suint ; la viande mérinos-mauchamps a une saveur exquise. Il suffit donc d'ouvrir la toison du mérinos, de substituer la laine longue à la laine tassée pour améliorer la viande. Cette réforme, très-favorable au point de vue de la boucherie, l'est également au point de vue de la toison, puisque la laine à peigne se vend toujours plus chère que la laine à carde. Les éleveurs de mérinos auront donc tout avantage à imiter l'exemple de M. le docteur Noblet.

La catégorie de la race berrichonne renferme de très-beaux types; la plupart ont de plus belles formes que certains south-downs rangés à leur côté ; on peut, par conséquent, se demander quel intérêt nous pousse à rechercher les races étrangères, lorsque nos races indigènes seraient tout aussi belles, également parfaites, si nous savions les améliorer. Je vais plus loin encore, et je soutiens que nos races indigènes, améliorées, seraient bien préférables aux races exotiques. En effet, ces dernières, faites pour un autre sol, pour un autre climat, ont à subir toutes les chances de l'acclimatation. Si l'on veut les maintenir dans leur état natif, il faut sans cesse renouveler le sang par des importations fort coûteuses; il faut des soins de chaque jour ; il faut une nourriture très-abondante. Malgré toutes ces précautions, en dépit de tant de sacrifices, on aboutit fatalement à la dégénérescence; pour s'en convaincre, il suffit de parcourir la catégorie des south-downs. Enlevez de cette catégorie les pensionnaires de M. de Bouillé, que vous reste-t-il ? Des médiocrités désespérantes, des animaux beaucoup inférieurs aux berrichons de M. de Saint-Maurice, à ceux de M. de Roujon, aux solognots de M. Lefèvre-Laforge. Est-ce faire acte de raison que de dédaigner nos races indigènes, lorsque l'élite des races anglaises, les south-downs et les dishley, se comportent si mal sur notre territoire ?

Il vaudrait mille fois mieux concentrer tous nos efforts sur les animaux que la Providence a placés près de nous; créés pour notre sol, pour notre climat, ces animaux n'ont point la dégénérescence à redouter. Une fois améliorés, il serait facile de les préserver de toute fâcheuse altération. Il suffirait de bien choisir les reproducteurs et de traiter convenablement les produits. On aurait ainsi des races à caractères invariables et qui s'amélioreraient sans cesse à mesure que l'agriculture se perfectionnerait.

Au contraire, avec des races exotiques on a beau prodiguer les soins les plus minutieux, administrer abondamment la nourriture, faire le choix des plus beaux reproducteurs, on ne prévient point les mécomptes. Si, comme la plupart des éleveurs qui exposent, on cesse de faire venir de nouveaux types d'Angleterre, les races exotiques tombent bientôt au-dessous de nos races indigènes. La catégorie des south-downs le prouve sans réplique. Si, au contraire, à l'exemple de M. de Bouillé, les éleveurs vont sans cesse se retremper en Angleterre, ils maintiennent, il est vrai, leurs troupeaux, mais ils ne préviennent pas complètement la dégénérescence. Chez les éleveurs les plus intelligents, les formes des animaux se modifient, les lignes s'altèrent, la tête s'alourdit, le cou s'allonge, la charpente osseuse grossit, les pattes s'épaississent, le corps s'élève, le torse gagne en longueur ce qu'il perd en épaisseur. Voilà des altérations que les éleveurs les plus diligents ne peuvent empêcher. Quant à ceux qui croient avoir tout fait lorsqu'ils ont introduit des races étrangères dans leurs bergeries, après deux ou trois générations ils voient tomber leurs élèves favoris au dernier degré de la dégradation. C'est précisément là ce qui arrive à la majeure partie des éleveurs qui exposent des south-downs.

C'est une erreur fatale de croire qu'il suffit d'introduire des races nouvelles dans un pays pour qu'elles réussissent. La nature, je le répète, a créé des races distinctes pour chaque région du globe. Or, ces races se perpétuent entières, tant que les circonstances au sein desquelles elles sont nées subsistent. Si ce milieu vient à se modifier, elles changent de caractères. Par suite des révolutions que la terre éprouve d'âge en âge, ces changements peuvent être si considérables, que les races primitives diffèrent complètement des races auxquelles elles ont donné naissance. Ces phénomènes, que la géologie nous révèle, ne peuvent point se produire dans la courte période qu'il est donné à une génération de parcourir ; mais s'il ne nous est pas permis d'assister aux révolutions qui bouleversent la nature entière, tous les jours nous voyons s'accomplir sous nos yeux les altérations successives que notre milieu fait subir aux races exotiques. Ces altérations, que tout le monde peut constater, établissent qu'il faut nous en tenir aux animaux que la Providence nous a départis. Vainement voudrions-nous introduire des types étrangers. Impuissants à résister aux influences du sol, du climat et de la domestication, ils se modifient bientôt, perdent leurs caractères distinctifs, et finissent toujours, malgré leur supériorité native, par tomber au-dessous des races indigènes, les seules qui n'aient point à redouter les influences extérieures. Les lois naturelles aussi bien que la raison nous imposent le devoir de toujours revenir aux races indigènes. C'est vers elles seules que nous devons diriger tous nos soins, à l'exclusion des races étrangères, qui ne nous promettent que d'amères déceptions.

Les races indigènes conservées pures et améliorées par elles-mêmes sont la dernière expression du progrès. Dès lors, que faut-il penser de la race de la charmoise que nous devons à feu Malingié père ? Le mouton de la charmoise est un mélange de quatre races bien distinctes. Afin de le rendre rustique, Malingié croisa d'abord le solognot et le berrichon; puis, pour affiner la laine, il mit du mérinos sur ses métis ; enfin, pour arrondir les formes et donner la précocité désirable, il eût recours au new-kent, race très-recherchée en Angleterre à cette époque. Tels sont les éléments qui composent les troupeaux de la charmoise. Peut-on dire que ces troupeaux constituent une race pure ? Assurément non, la race de la charmoise n'est qu'un croisement.

Eh bien ! il est très-fâcheux que le temps et l'argent dépensés à faire des métis, fort beaux, je l'avoue, n'aient pas été dépensés à améliorer une race pure. Si Malingié s'était borné à prendre, soit le berrichon, soit le solognot et qu'il l'eût amélioré, nous aurions aujourd'hui une race pure indigène tout aussi belle que le south-down, et qui serait à l'abri de toute espèce d'altération. Mais Malingié vivait à une époque où on n'appréciait pas suffisamment les races pures, et où on s'imaginait résoudre le problème de l'amélioration des animaux domestiques par de simples croisements.

Malingié a donc fait le mouton de la charmoise, qui se conserve très-beau, malgré sa tache originelle. C'est là un des rares exemples que l'on puisse citer de croisements qui, à la suite des générations, n'aient point été atteints par la dégénérescence; fait bien extraordinaire sans doute, mais qui ne donne pas à l'œuvre de Malingié, si grande qu'elle soit, d'ailleurs, le caractère de race pure.

A mesure que le temps marche et que les influences locales reprennent leur empire, les troupeaux de la charmoise tendent à se modifier, les deux types indigènes, ceux qui sont les plus anciens et par conséquent qui ont la plus grande force d'assimilation, tendent à éliminer les deux autres éléments, le mérinos et le new-kent. Du mérinos il ne reste presque plus rien, car la toison de la charmoise ressemble à la toison berrichonne ou solognotte; le new-kent a laissé dans les métis de plus profondes empreintes, sa tête se reproduit sur une multitude de sujets; mais les têtes du berrichon et du solognot sont plus nombreuses. Quant à l'ampleur des formes, il n'est pas juste de la mettre au compte du new-kent; les formes rondes et trapues ne sont point l'apanage des races anglaises, elles appartiennent à toutes les races que l'on reproduit avec discernement, que l'on nourrit avec générosité et auxquelles on donne des soins intelligents; on peut donc dire que chez les métis de la charmoise il se fait un travail d'élimination qui échappe au vulgaire; que les éléments indigènes les plus anciens sont en train d'expulser les éléments étrangers moins énergiques, et que, lorsqu'un certain nombre de générations se seront encore écoulées, l'élimination deviendra complète. Alors, conformément aux lois de la nature, qui reprend toujours ses droits méconnus par l'homme, les métis de la charmoise deviendront une véritable race pure, et cette race pure sera le south-down français; à son tour Malingié deviendra notre Richard Goord.

Examinons maintenant ce qui se serait passé si le créateur de la charmoise, au lieu de faire des croisements, s'était attaché à une race pure indigène, le solognot ou le berrichon. En traitant cette race par les procédés découverts en Angleterre, c'est-à-dire la sélection, les soins intelligents, une nourriture abondante, Malingié aurait marché beaucoup moins vite dès le début, mais au lieu d'avoir son troupeau composé de quatre types différents, il n'aurait eu qu'un seul type. Après quelques générations, lorsque l'effet de la sélection et d'une abondante nourriture se serait fait sentir, ses animaux auraient acquis la précocité et l'ampleur de formes qui distinguent les races anglaises. Quelques années auraient ensuite suffi pour confirmer ces améliorations et les rendre à tout jamais stables. Avant de mourir, Malingié aurait pu se dire : J'ai créé une race pure, aussi remarquable que celle de Bakwell, tandis qu'il a dû se frapper la poitrine de n'avoir produit que des metis.

Le temps seul et les efforts de son fils, Paul Malingié, peuvent compléter son œuvre. Je le répète, lorsque abandonnés à eux-mêmes et cédant aux influences locales, les troupeaux de la charmoise auront éliminé les éléments hétérogènes dont ils se composent, ils reviendront au type indigène; leur reproduction ne sera plus soumise à tous les hasards qui se manifestent dans l'accomplissement des métis, leurs caractères deviendront uniformes, alors plus de têtes de new-kent, plus de toison rappelant celle du mérinos, plus de ces bizarreries qui naguère encore me choquaient à l'aspect d'un troupeau de la charmoise. Après avoir fait perdre beaucoup de temps et coûté beaucoup d'argent, le mouton Malingié deviendra une véritable race pure qui sera la gloire de son créateur et la richesse de la France.

Ces considérations me dispensent d'entrer dans de plus amples détails; je borne donc ici mon compte-rendu sur l'espèce ovine et je renvoie à un prochain article l'examen de l'espèce porcine.

ESPÈCE PORCINE

J'ai déjà bien des fois critiqué le programme de l'espèce porcine, que je retrouve partout le même, dans les concours de reproducteurs aussi bien que dans les concours de boucherie. Le catalogue la divise en trois catégories : *les races indigènes pures* ou *croisées entre elles*, — *les races étrangères pures* ou *croisées entre elles*, — *les* CROISEMENTS DIVERS ENTRE ELLES *des races françaises et étrangères*. J'admets parfaitement bien que, pour faire des animaux de boucherie, on croise les races françaises avec les races étrangères. Mais je ne comprends pas que, dans un concours de reproducteurs, on admette toute espèce de croisements. Les concours de reproducteurs devraient ne comprendre que des animaux de races pures. Y recevoir des métis, c'est pousser à la destruction des races qui sont une des lois de la nature ; c'est établir une confusion inextricable dans l'espèce. J'adjure donc les organisateurs des concours régionaux de supprimer le dernier membre de phrase de chacune des deux premières catégories, et de se borner à dire : *races indigènes pures*; *races étrangères pures*. Quant à la troisième catégorie : *croisements divers entre elles des races françaises et étrangères*, elle devrait disparaître du programme des concours de reproducteurs et figurer uniquement dans les concours de boucherie.

Ici les exposants de la Sarthe sont un peu plus nombreux que dans les autres catégories. C'est qu'en effet le transport des porcs est moins facile que celui des autres animaux. En général, ils proviennent des départements les plus voisins du chef-lieu. Toutefois, le Cher, le Loiret et Loir-et-Cher ont fourni leur contingent. Il y a des agriculteurs que rien n'arrête.

Quoique très-timides, ceux de la Sarthe ont montré plus d'empressement à produire leurs porcs. Ce n'est pas que leurs élèves soient plus beaux que ceux de leurs concurrents; mais c'est parce que chaque ménagère nourrit un animal de cette espèce, et qu'elle n'est point fâchée de montrer au public ses œuvres, seraient-elles médiocres.

La première catégorie comprend des craonais, des manceaux et des normands. La race craonaise, originaire de la Mayenne, est recommandable par sa stature. Mais elle a de nombreux défauts. D'abord elle se développe très-lentement; ensuite sa conformation défectueuse lui fait absorber beaucoup de nourriture en pure perte pour l'éleveur. Les animaux sont de véritables machines destinées à transformer le plus économiquement possible en viande et en graisse la nourriture qu'on leur donne. Plus cette machine est parfaite, et plus avec une ration donnée elle fournit de nombreux et riches produits; au contraire, lorsque cette machine est imparfaite, il lui faut une ration double et un temps beaucoup plus long pour obtenir le même résultat.

Supposons deux industriels qui tous deux emploient la vapeur comme force motrice. Chacun a une machine de la même dimension et donnant les mêmes résultats utiles : l'une est faite d'après les dernières données de la science et ne consomme que deux kilogrammes de charbon par heure et par force de cheval; l'autre est une vieille ferraille, mal ajustée, mal construite, qui dépense cinq kilogrammes de charbon par heure et par force de cheval. Quel est celui de ces deux industriels qui produira au plus bas prix ? C'est celui qui possède la meilleure machine; l'autre dépensera deux fois plus de charbon et par conséquent ses produits auront un prix de revient plus élevé. Eh bien! l'éleveur qui a une mauvaise race est comme l'industriel qui a une mauvaise machine à vapeur; tandis que l'éleveur qui a une bonne race doit être assimilé à l'industriel qui a une excellente machine. Avec une race perfectionnée, le dernier dépensera la moitié moins de temps et de nourriture pour obtenir la même quantité de viande que son confrère en possession d'une race défectueuse.

Qu'est-ce donc qu'une race perfectionnée? C'est celle qui se développe rapidement, qui s'assimile toute la nourriture qu'elle absorbe, et qui peut ainsi, en peu de temps et à peu de frais, donner la plus grande quantité de produits.

Les caractères de cette race sont faciles à déterminer. Elle doit avoir les formes cylindriques, ramassées ; le ventre traînant ; le torse ne doit pas être trop long; il faut que l'ossature soit légère et les jambes courtes, que toutes les parties du corps ayant peu de valeur soient beaucoup amoindries. Elle doit donc avoir la tête petite, le cou court, le grouin rentrant dans la tête, les soies très-rares et très-fines, les oreilles droites et presque à l'état rudimentaire. Tels sont les caractères des races anglaises qui nous offrent de véritables chefs-d'œuvre.

On voit par cette description que nos races indigènes ne ressemblent guère à celles d'outre-Manche. La craonaise a le corps plat et allongé; elle est trop montée sur jambes; elle est fortement charpentée; elle a une grosse tête, de longues oreilles, nn grouin énorme, des soies très-dures et très-épaisses, un cou démesuré, enfin elle met un temps infini à se développer. Avec les races anglaises, on peut faire deux récoltes pendant qu'on n'en fait qu'une seule avec les races françaises.

Ces différences bien établies, faut-il, me direz-vous, abandonner nos races indigènes pour nous en tenir aux races britanniques ? Non assurément, ce qu'il nous faut avant tout, c'est de conserver pures nos races indigènes. Il faut les améliorer par la sélection, une meilleure nourriture, des soins mieux entendus; il faut choisir pour reproducteurs les types qui se rapprochent le plus de ceux de l'Angleterre; il faut arrondir les formes, réduire la charpente osseuse, baisser les jambes, raccourcir le cou, diminuer la grosseur de la tête, la longueur des oreilles et du torse, faire disparaître les soies, rapetisser le grouin. Toutes ces modifications s'obtiennent facilement par la sélection. En ce qui concerne la précocité et l'aptitude à l'engraissement, elles sont le résultat d'une bonne nourriture dispensée sans parcimonie de soins hygiéniques de toute sorte. Le porc est le plus propre de nos animaux domestiques, il faut sans cesse renouveler ses litières et lui donner assez d'eau fraîche pour qu'il puisse se baigner; c'est parce qu'il manque d'eau propre, que le porc, dont le sang est très-chaud, se plonge dans les bourbiers pour se rafraîchir. La saleté apparente de cet animal, dont l'intelligence est supérieure à celle de l'espèce chevaline, ne doit être attribuée qu'à notre ignorance.

Maintenant, parce qu'il est sage de conserver nos races pures et de les améliorer par elles-mêmes, faut-il renoncer aux avantages que nous offrent les croisements? Non sans doute, rien n'est plus lucratif que de donner un verrat new-leicester ou yorkshire à une truie craonnaise ; les métis qui en proviennent sont aussi précoces et s'engraissent aussi rapidement que la race anglaise elle-même; ils ne mangent guère plus que cette dernière, ils donnent donc beaucoup de viande en peu de temps, et cette viande coûte peut-être moitié moins cher que celle obtenue par les races françaises. Certes, comme animaux de boucherie la supériorité des métis est incontestable, mais il faut bien se garder de faire servir ces métis à la reproduction.

Lorsqu'il s'agit d'introduire une race nouvelle dans un pays, il faut tenir compte de la nature de la chair et des usages culinaires des habitants. Nos races porcines françaises donnent beaucoup de maigre, ce qui explique la supériorité de notre charcuterie. Leur lard est ferme, il ne se réduit pas trop à la cuisson. Les races anglaises, au contraire, donnent très-peu de maigre, ce qui domine chez elles c'est le saindou, c'est l'huile ; leur chair molle, flasque, ne peut pas être convertie en saucisson. En Angleterre les rares préparations de charcuterie se font avec de la viande de bœuf; aussi, nos charcutiers éprouvent-ils une très-grande répugnance pour les races anglaises, et nos consommateurs, qui n'aiment pas la graisse, préfèrent de beaucoup la dépouille de nos races indigènes : c'est là une question de cuisine. Or, en cette grave matière le goût du consommateur sert toujours de règle au producteur.

Mais si nos habitudes culinaires nous portent à repousser la viande des porcs anglais, il n'en est plus de même lorsqu'il s'agit de croisements. Ceux-ci ont une chair ferme qui contient encore beaucoup de maigre et dont le lard n'a pas le goût huileux qui caractérise celui des races britanniques. D'ailleurs, ce lard ne se réduit pas trop à la cuisson. Enfin la charcuterie ne formule aucune objection contre les métis.

Je dis donc que tout en conservant nos races pures et en les améliorant par les procédés que je viens de décrire, il faut les allier avec les races anglaises dans le but unique d'avoir des animaux de boucherie. Les croisements donnent beaucoup plus de profits aux éleveurs ; ils sont acceptés par la consommation. Cet expédient est le seul moyen de faire de la viande à bon marché ; avec les bénéfices qu'il doit procurer, il fournira à l'agriculture les ressources nécessaires pour améliorer nos races pures.

Je suis entré dans quelques détails relativement aux caractères que doit présenter une race perfectionnée, parce que les éleveurs de ce pays ne paraissent pas avoir une idée exacte de la forme qu'il faut préferer. Ainsi, les animaux de la première catégorie ont un aspect qui choque; ils sont beaucoup trop montés sur jambes; leur corps est allongé et plat; ils ont l'échine comme une lame de couteau au lieu de l'avoir large. On dirait que ces animaux ont été faits tout exprès pour se développer avec lenteur, pour s'engraisser chèrement et pour donner le moins de viande possible. Les notions les plus élémentaires de la zootechnie font défaut dans les campagnes, lorsque nous aurions un si grand intérêt qu'elles fussent répandues.

Je citerai seulement, pour l'acquit de ma conscience, les animaux qui m'ont paru les moins mauvais dans la catégorie des races françaises; ce sont, pour les mâles, le n° 485, à M. Buchot; le n° 483, à M. Courtillier, et le n° 482 à M. de Bodard. Parmi les truies, je distingue le n° 491, à M. Buchot: le n° 492, à M. Lasne; le n° 490, à M. Laigle des Masures. Sur six médailles, quatre doivent donc appartenir aux exposants de la Sarthe; mais dans le pays des aveugles, les borgnes sont rois.

La seconde catégorie ne possède pas une seule tête de race pure; c'est un tohu-bohu dans lequel on remarque à peu près tous les types d'outre-Manche. Le catalogue enregistre le middlesex, le colleshill, le manchester, le new-leicester, le hampshire et le suffolk; mais tous ces animaux ne sont eux-mêmes que des mélanges. Depuis quelques années, les croisements de l'espèce porcine sont tellement en honneur chez nos voisins, que trois races à peine ont pu échapper à ce grand naufrage; ces races sont : l'essex, le berkshire et l'yorkshire. Or, je le demande, peut-on qualifier de pur sang les animaux qui figurent sous les tentes, lorsque les races dont ils proviennent ne sont que des mélanges?

J'ai nommé le middlesex, et je voudrais savoir si cette prétendue race existe réellement en Angleterre. Je réponds non. Le middlesex, appellation fabriquée par M. Pavy, de Girardet, n'était primitivement qu'un new-leicester. M. Pavy avait acheté les premiers types de sa porcherie chez le capitaine Gunter, dont l'établissement était alors situé dans un faubourg de Londres, sur le comté de Middlesex; or, comme M. Pavy aime les nouveautés, il imagina d'appeler ses porcs des middlesex, qualification acceptée sans résistance du public. Mais il ne doit pas être permis à un éleveur, quelle que soit d'ailleurs son ambition, de changer le nom d'une race uniquement dans le but de satisfaire son amour-propre. J'ai bien des fois déjà protesté contre le nom de middlesex, et je ne cesserai de protester tant que je le verrai figurer dans les catalogues. Au reste, les élèves de M. Pavy, qui pouvaient être des new-leicesters purs lorsqu'ils ont été introduits à Girardet, ont depuis subi divers croisements. C'est ce qui explique à la fois et le succès de cette porcherie dès l'origine et les revers que, depuis, elle a éprouvés.

Il y a dans cette catégorie d'assez beaux types au point de vue de la boucherie; parmi les mâles, je citerai le suffolk de M. Noblet, le new-leicester de M. Roulx, le manchester de M. de Larclause, le new-leicester de M. Laigle des Masures, et le new-leicester de M. Vérel. Dans les femelles, je dois signaler le new-leicester de M. Vérel, le middlesex de M. Breton, le middlesex de M. Poisson, le suffolk de M. Noblet et le new-leicester de M. Riverain.

La troisième catégorie n'est, en quelque sorte, que la répétition des deux autres. La plupart des sujets qui y figurent pourraient tout aussi bien figurer dans la première ou dans la seconde. Seulement, au lieu de n'avoir que deux sangs, ils en ont presque tous trois ou quatre. Quelle confusion, je vous le demande? N'est-il pas absurde de faire figurer tous ces arlequins dans un concours de reproducteurs?

Malgré la répugnance que j'éprouve à m'occuper d'animaux aussi malséants, voici comment je les classe : deux femelles me paraissent l'emporter sur leurs rivales, ce sont : le middlesex-berkshire-berrichon de M. Poisson, et l'anglo-craonnais de M. Riverain. Trois mâles méritent d'être cités. Ce sont : le middlesex-berkshire-berrichon de M. Poisson, le craonnais hampshire de M. Pellier, et l'anglo-craonnais de M. Riverain; au reste, cette catégorie est peu nombreuse.

Telles sont les considérations que je voulais présenter au sujet de l'espèce porcine. Maintenant, pour en finir avec le compte-rendu du concours du Mans, tâche laborieuse, il me reste à parler des chevaux.

ESPÈCE CHEVALINE

C'est une excellente idée que d'avoir voulu annexer au concours régional une exposition de l'espèce chevaline. Les chevaux appartiennent tout aussi bien à l'agriculture que le bœuf, que le mouton, que le porc ; seulement ils ne sont point appelés à rendre les mêmes services. Leur tâche exclusive, à eux, ce sont les transports rapides, les charrois dans la ferme et les labours ; lorsqu'on l'applique à ce genre de travail pour le dernier emploi, le cheval a le bœuf comme auxiliaire.

Dès l'origine des concours régionaux, l'espèce chevaline en faisait partie. Sous prétexte que cette espèce avait un budget particulier et une administration spéciale, en 1854 on cessa de l'y faire figurer. Cette décision, j'en suis profondément convaincu, a exercé une influence fâcheuse sur le développement d'une industrie qui touche à de si hauts et de si puissants intérêts. Il ne faut pas nous le dissimuler, lorsque les nécessités de la guerre l'exigent, le recrutement de notre cavalerie et de nos trains d'équipage se fait avec beaucoup de peine. Lors de l'expédition de Sébastopol, les rigueurs de l'hiver et les privations de toute sorte nous enlevèrent un nombre considérable de chevaux ; on assure que certains régiments de cavalerie légère durent être remontés jusqu'à trois fois. Pourquoi toutes ces pertes ? Des hommes compétents répondent qu'il faut surtout les attribuer à la dégénérescence que nos races ont éprouvée par suite des croisements. Ce qui le prouve, c'est que les régiments qui provenaient de l'Algérie et qui étaient montés de chevaux arabes, n'éprouvèrent presque pas de pertes.

Ce sont là des faits considérables et qui établissent combien les croisements deviennent pernicieux. Il est probable que cette manie serait aujourd'hui bien atténuée, si les concours régionaux avaient continué à recevoir l'espèce chevaline ; ces exhibitions auraient donné lieu à des critiques et des discussions qui, sans doute, auraient fini par ramener dans le bon chemin les hommes qui se trompent. C'est pourquoi je regrette vivement que M. le général Fleury n'ait point encore tenu les promesses qu'il avait faites lors de son arrivée à la direction générale des Haras. Il nous avait promis des concours hippiques ; il se proposait de diviser la France par régions et de convoquer chaque année les éleveurs de l'espèce chevaline afin que l'on put juger de la bonté de leurs produits.

Je le répète, ces réunions n'auraient pas manqué de remettre à l'ordre du jour la question des croisements, et en auraient sans doute fait ressortir tous les dangers.

C'est pourquoi les devoirs de la défense nationale, aussi bien que les intérêts de l'agriculture et de l'industrie, font une impérieuse loi à M. le directeur général des Haras de ne pas retarder plus longtemps l'organisation des concours hippiques. Il ne faut pas que ces concours soient laissés à l'initiative des villes ou des conseils généraux ; il faut qu'ils aient une existence propre et en dehors de toutes les éventualités que les résolutions des corps délibérants peuvent susciter.

Le département de la Sarthe a donc eu mille fois raison d'organiser un concours de l'espèce chevaline; c'était pour lui un puissant intérêt. En effet, ce département fait naître, chaque année, un assez grand nombre de poulains; on ne les évalue pas à moins de cinq à six mille. Les environs de Saint-Calais, Mamers, la Ferté-Bernard et Marolles produisent les types de la plus grande stature. Certains de ces animaux acquièrent les proportions des forts carrossiers et des gros chevaux de camion ; les autres ont la taille ordinaire et peuvent servir aux labours et à la remonte des diligences.

C'est la race percheronne, modifiée par des croisements, qui forme la masse des existences. Sur la lisière du département de l'Orne, les alliances se font avec la prétendue race anglo-normande ; on sait que l'Orne produit beaucoup de chevaux de cette sorte. Dans les autres parties de la Sarthe, les croisements se font avec la race bretonne ; ici, pas plus qu'ailleurs, il n'est point possible de rencontrer un cheval de race pure ; partout règne la confusion la plus extrême. A ceux à qui il resterait encore quelques doutes, il a suffi, pour les dissiper, de parcourir l'exposition annexée au concours régional. Cette exposition comprend 58 sujets mâles et femelles ; elle se divise non par races, puisqu'il n'en existe plus de pures, mais par aptitudes. Elle comprend les chevaux de trait léger et les chevaux de gros trait ; il y a aussi quelques demi-sang qui forment une catégorie à part.

Les chevaux de trait léger s'attèlent aux tilburys, aux carrosses, aux voitures de maître, aux diligences et aux omnibus ; les chevaux de gros trait sont réservés pour le camionnage, le roulage, le halage et les labours. Ce qui les distingue des autres, c'est la corpulence et surtout les allures qui sont plus communes. Deux sujets sortant de la même mère peuvent appartenir, l'un à la catégorie des traits légers, l'autre à la catégorie des gros traits. Le classement est toujours chose arbitraire.

La race percheronne fait le fond des existences chevalines dans la Sarthe. Or, qu'est-ce que c'est que le percheron, dont la renommée remonte à peine au commencement de ce siècle ? On croit généralement que c'est le breton, amélioré par les éleveurs qui habitent le Perche. Le breton a les formes plus lourdes, plus massives que le percheron, ses allures sont plus vulgaires, il est moins rapide, il a peut-être moins de fonds. Ce qui a fait le succès du percheron, c'est sa force de résistance ; avec le boulonnais, duquel il se rapproche beaucoup, ce sont les deux races qui soutiennent le mieux les longues fatigues. On cite un régiment de cavalerie de ligne monté de percherons vers le milieu du premier empire, qui aurait fait la campagne de Russie, et serait revenu en France sans avoir éprouvé des pertes notables.

Cette race est donc très-précieuse et il est vraiment fâcheux qu'on ne l'ait pas conservé pure.

Dans la Sarthe comme dans le Boulonnais, l'industrie chevaline présente de grands avantages. Chaque ferme possède des juments qui exécutent tous les travaux d'exploitation, et qui, en même temps, nourrissent un poulain. C'est de février à mai qu'on les fait naitre. Huit jours avant la parturition, les mères sont rentrées à l'étable, et y restent encore à peu près huit jours après leur délivrance. A l'expiration de cette courte période, elles reprennent le collier ; d'ordinaire, c'est le neuvième jour qu'on les livre de nouveau à l'étalon. C'est ainsi qu'une jument est à la fois pleine et allaite son poulain ; cette double circonstance, jointe aux travaux de l'exploitation, doit beaucoup fatiguer les poulinières, aussi elles réclament une nourriture plus substantielle que les chevaux.

Les poulains sont vendus de 6 à 8 mois ; à cet âge, le prix des mâles varie de 4 à 600 fr. et celui des femelles de 2 à 300 fr. Les plus beaux sont réservés pour la reproduction ; les ventes s'opèrent sur des foires qui se tiennent vers la Toussaint, et dont les principales ont lieu au Mans, à Conlie, à la Chartre-sur-Loir, à Bonnétable et à Fresnay. Cette dernière est une des meilleures du département, et on y amène d'ordinaire de 1800 à 2000 poulains. Ces poulains vont dans le Perche, la Beauce et la Normandie, où la bonté des pâturages leur fait acquérir de la taille et de l'ampleur ; s'ils restaient dans la Sarthe, où les herbages sont moins fertiles, ils ne pourraient pas aussi bien se développer. Toutefois, les fermiers conservent les femelles qui doivent remplacer les poulinières de réforme.

A combien peut-on évaluer la dépense d'un poulain vendu à 6 mois ? Il faut d'abord tenir compte du lait supplémentaire qu'il absorbe et que l'on calcule sur une moyenne de quatre litres par jour ; en évaluant le litre à 10 centimes, la dépense est de 12 fr. par mois, et de 72 fr. pour toute la période d'allaitement, ci. . . . . 72 fr.

Avoine et farine à raison de trois litres par jour, soit 7 fr. 50 par mois et pour les six mois. 45

Enfin, il faut porter en dépense la ration supplémentaire de grains et de fourrage nécessaire à une jument qui est pleine et qui allaite, cette dépense ne peut pas être évaluée à moins de 75 fr., ci. . . . 75

Total de la dépense à la charge du poulain. . . 192 fr.

On voit, par ces chiffres, que le prix de vente n'est pas tout bénéfice. D'un autre côté, il faut compter l'intérêt du capital représenté par la poulinière, lequel varie de 4 à 800 fr., ainsi que l'amortissement de cette somme. Mais c'est là une charge qui doit rester au compte du travail. Malgré ces imputations, la culture par les juments poulinières, n'en reste pas moins la plus économique de toutes, je n'en excepte pas celle faite par les vaches.

On s'est demandé quelle influence l'état de gestation pouvait exercer sur le lait que le poulain absorbe ? Ce lait qui doit être altéré, ne nourrit-il pas imparfaitement le poulain, et ne serait-il pas une cause de dégénérescence pour les races ? Ne vaudrait-il pas mieux laisser la jument vide tout le temps de l'allaitement ? Serait-on obligé de nourrir le poulain, cette dépense, qui dispenserait de donner à la jument une ration supplémentaire, ne procurerait-elle pas une économie appréciable? Telles sont les questions que soulève l'état actuel des choses.

Pour ma part, je crois que l'état de gestation altère le lait de la jument. C'est là un fait depuis longtemps constaté chez l'espèce humaine ; en tenant compte de l'irritabilité plus grande qui existe chez la femme, et de l'influence que le moral exerce sur le physique, il reste acquis au débat que le lait d'une jument pleine ne doit pas être aussi bon que le lait d'une jument vide. Dès lors, on peut affirmer que le système actuel de reproduction et d'allaitement provoque la dégénérescence des races.

Ces prolégomènes admis, reste à démontrer qu'en bonne économie il vaudrait mieux laisser la jument vide tant qu'elle serait nourrice; c'est un compte un peu compliqué à faire mais qu'on pourrait bien établir si l'on supputait la dépréciation que la jument éprouve par suite des doubles fonctions de *portière*, de nourrice qu'elle remplit; si, à ce premier chiffre on ajoutait le prix de la ration supplémentaire de lait que le poulain absorbe et de la ration supplémentaire que la jument elle-même reçoit, je crois qu'on trouverait une véritable économie à échelonner les naissances de deux années en deux années.

Je sais bien qu'avec ce système il faudrait doubler l'effectif des mères pour avoir le même nombre de poulains, et que peut-être dès lors il s'en suivrait un renchérissement dans les frais de culture. Mais, pour éviter ce renchérissement, au cas où il viendrait à se produire, il y aurait de nouvelles combinaisons à trouver, soit en ce qui concerne l'étendue des fermes, soit en ce qui touche aux assolements. Je ne veux pas entrer dans l'examen d'une question qui m'entrainerait hors de mon sujet.

La race percheronne se distingue par sa robe gris-pommelée tirant sur le blanc; la race boulonnaise et d'autres encore ont la même robe. Eh bien! toutes ces variétés, qui servent aux labours et au roulage, sont sous le coup d'une mesure qui mécontente les éleveurs; l'administration des Haras, sous prétexte que ces différentes robes sont sujettes à la *mélanos*, voudrait supprimer les primes qu'elle donne à ses étalons; mais si cette prétention était admise, pourquoi ne point supprimer également les autres primes, car il n'est pas une seule race qui ne soit soumise à quelque affection particulière. La raison que l'on invoque ne peut donc pas être prise au sérieux.

D'ailleurs, la *mélanos* n'est pas une maladie plus dangereuse que toutes les autres spéciales à l'espèce chevaline. On suppose qu'il existe dans les humeurs une matière destinée à colorer le poil. Or, lorsque la robe est plus ou moins blanche, cette matière n'est absorbée que pour une faible partie; ce qui reste dans l'économie forme une sorte d'humeur qui se sécrète vers l'anus et qui constitue les accidents de la *mélanos*. Mais, je le répète, ces accidents ne sont pas plus dangereux que ceux produits par d'autres maladies; dès lors je pense qu'il ne doit pas y avoir lieu à donner suite à la mesure.

J'ai déjà dit que l'exposition, malgré la bigarrure de ses

types, renferme d'assez jolis modèles. Je crois devoir terminer le compte-rendu en signalant ceux que j'ai le plus remarqués. Dans la première catégorie, celle de trait léger, je puis citer les étalons de M. Lefebvre, de Marolles, et de M. Brunet; dans les gros traits, ceux de MM. Venault, Godon, Ermenault, Lépine et Bourgoin.

Parmi les femelles de trait léger, je mentionne celles de MM. Cintrat, Laigle des Masures, Bary, Hamelin, Lallouet et Chauvin. Dans les gros traits les plus beaux modèles appartiennent à MM. Moreau, Derré, Desmons, Augis, Courtillier et Laigle des Masures.

Les demi-sang sont peu nombreux, ils ne valent guère la peine qu'on s'en occupe. Jacques VALSERRES.

CLOTURE DU CONCOURS RÉGIONAL

DISTRIBUTION DES PRIX

D'après le programme, c'est le dimanche, 7 mai, que devait avoir lieu la distribution des récompenses aux lauréats de l'agriculture, et que les diverses expositions du concours devaient être publiques et gratuites. Dès le matin, les chemins de fer et des véhicules de toutes sortes nous avaient amené une quantité considérable d'étrangers, et, pendant toute la journée, la foule n'a cessé de circuler dans les diverses expositions installées sur le quinconce des Jacobins. Le bruit des machines fonctionnant, les cris des animaux, le brouhaha de la foule, tout cela donnait à nos promenades l'aspect le plus animé.

A deux heures a eu lieu la distribution des prix, sous une vaste tente dressée au fond du quinconce.

M. le comte d'Andigné, préfet de la Sarthe, présidait cette fête, ayant à ses côtés Mgr l'évêque, M. Chalot Pasquer, maire du Mans; M. Boitel, inspecteur général de l'agriculture, et M. l'inspecteur général des Haras.

Nous remarquons dans la tribune des autorités : M. Amédée Thayer, sénateur; M. le marquis de Talhouët, M. Haentjens, M. Leret-d'Aubigny, députés de la Sarthe; M. le général de Lespars, commandant la subdivision militaire; M. le général Lefèvre, commandant le Prytanée; MM. Grimault, le duc de Bisaccia, le marquis de Juigné, Provost, Caillard-d'Aillères, Augier et plusieurs autres membres du Conseil général; M. Paulze-d'Yvoy, colonel du 5e hussards; M. Boisseau, président du tribunal civil; M. de Neufbourg, procureur impérial; M. Duffaud, ingénieur en chef du département, et MM. les ingénieurs Julien, Thoré, de Ponton d'Amécourt; M. Delanney, agent-voyer en chef du département; M. Bernard, commandant du génie; M. Conseillant, sous-intendant militaire; MM. les sous-préfets du département; M. Aymé, secrétaire général de la Préfecture; MM. Boulanger et Marulaz, conseillers de préfecture; M. Tarot, inspecteur d'Académie; M. Morand, proviseur du Lycée; M. de la Vingtrie, chef du cabinet de M. le Préfet; MM. Godefroy et Fisson, adjoints au maire du Mans; M. Tibéri, directeur des postes; MM. les directeurs des administrations publiques du Mans; MM. les membres des divers jurys du concours, et un grand nombre d'autres notabilités de la ville et du département.

Immédiatement au-dessous de l'estrade, des bancs avaient été disposés pour les lauréats du concours agricole. A la suite se trouvait réunie une nombreuse et élégante société.

La musique du 5e hussards et la musique municipale du Mans prêtaient leur concours à cette cérémonie.

M. le préfet s'étant levé, a ouvert la séance par le discours suivant :

Messieurs,

« On avait nié le mouvement devant un philosophe de l'antiquité;

« Pour confondre son contradicteur, il se contenta de se lever et de marcher, pensant, avec raison, que ce simple fait de locomotion renfermait en soi une évidence et une puissance démonstrative devant lesquelles aucun sophisme ne pouvait subsister.

« Eh bien! Messieurs, aux esprits chagrins ou prévenus qui nient les progrès de la civilisation et l'excellence de la direction qu'on lui imprime, vous pouvez, avec non moins de raison et de simplicité que notre philosophe, opposer la splendeur, l'éclat et l'esprit moralisateur de vos solennités agricoles.

« Reportez-vous par la pensée vers une époque qui n'est pas encore bien loin de nous et comparez à ce passé le temps présent.

« On voyait alors sur des landes incultes ou dans de maigres pâturages des bestiaux plus maigres encore et de l'apparence la plus chétive. Ils s'entassaient, la nuit, dans des étables étroites et fétides; mais pouvait-on raisonnablement les plaindre lorsque le cultivateur lui-même n'était guère mieux logé que son bétail. Les terres mal labourées, imparfaitement fumées ne donnaient que des produits insignifiants, en quelque sorte trop considérable encore, car l'insuffisance des débouchés ne permettait pas d'en tirer parti. L'attelage malingre du cultivateur n'aurait pu, d'ailleurs, franchir des chemins défoncés et fangeux pour conduire sa récolte à la ville et en rapporter des engrais.

« Est-il nécessaire, Messieurs, d'opposer à ces tristes souvenirs le tableau consolant des progrès de notre agriculture! Ce soin serait superflu sans doute lorsque vous avez sous les yeux, réunis comme un vivant témoignage, ces magnifiques types de toutes les espèces de bestiaux et d'une excellente race chevaline, tous dignes par leur beauté, des prix que nous allons décerner aux plus méritants. Ces animaux, lorsqu'ils rentreront dans vos fermes, trouveront partout des étables et des écuries spacieuses, saines, bien aérées où leur santé ne sera jamais compromise. Et vous aurez, pour conserver leur vigueur et hâter leur développement, vos fourrages artificiels et des prairies plantureuses fécondées par les eaux vivifiantes des irrigations ou assainies par le drainage.

« Ignorez-vous que vos chemins ont cessé d'être des fondrières infranchissables? Ne voyez-vous pas les hommes de la campagne proprement vêtus accourir à nos marchés dans des voitures commodes et presque élégantes?

« Écoutez la grande voix de la vapeur qui emporte d'innombrables wagons. Ils distribuent partout vos produits, suivant les besoins de la consommation et sans avoir souci des lignes de douane intérieure qui enserraient jadis chacune de nos provinces. Pour les matières premières et pour les marchandises encombrantes, vous avez des canaux et des rivières, ces routes qui marchent et que la sollicitude du Gouvernement améliore ou crée tous les jours.

« Pour dernière touche au tableau, faut-il que je vous montre l'instruction, source de tous progrès, pénétrant de plus en plus dans vos campagnes et y élevant le niveau de l'intelligence et de la moralité de leurs plus humbles habitants ?

« Vous le savez, Messieurs, les sociétés ne deviennent pas grandes et fortes uniquement par la prospérité matérielle. Les principes qui les dirigent dans la voie des bonnes mœurs et des sentiments honnêtes sont, avant tout, la vie des nations. On ne peut rien asseoir de solide sur le sable mouvant du désordre et de l'immoralité; vous comprendrez donc, sans peine, de quelle importance est le bienfait d'une éducation solide et religieuse qui éclaire, transforme, ennoblit, élève tout ce qu'elle touche.

« D'ailleurs, Messieurs, l'agriculture elle-même n'est-elle pas l'une des meilleures écoles des bonnes mœurs et de la vertu ? L'agriculteur, observateur quotidien des secrets et de la splendeur de la création, sans cesse aux prises avec les forces de la nature, se laisse pénétrer peu à peu, et même à son insu, par le sentiment religieux. Exempt des dangers de l'oisiveté et des exemples pernicieux, adonné à un travail salutaire qui développe ses forces, sans les énerver, il porte dans un corps robuste une âme saine et pure, et son cœur s'élève sans effort vers le Dieu sous l'œil duquel sa vie se passe tout entière et qui mesure à ses moissons le soleil et la pluie.

« Les progrès de l'agriculture, je le répète, sont donc aussi favorables au perfectionnement de la moralité publique qu'au développement matériel de la prospérité du pays.

« Mais si je constate devant vous les incontestables progrès de l'agriculture et l'influence salutaire qu'ils ne peuvent manquer d'exercer sur les mœurs de la nation, est-ce à dire que tout est pour le mieux dans le meilleur des mondes ; que l'agriculture est arrivée, dès aujourd'hui, à l'apogée de son développement et qu'elle ne recèle en son sein aucun germe de souffrance ? Je vous demanderai la permission d'effleurer, rapidement, devant vous, ces questions si graves et si dignes de votre sollicitude.

« La civilisation française n'est point une civilisation stationnaire, elle ne doit jamais suspendre l'action de son initiative féconde, et, dans cette marche incessante vers le progrès sage et légitime, il serait à désirer que l'agriculture, la plus importante peut-être des forces vives de la société, se tînt comme la nation elle-même, au premier rang des peuples civilisés. Ce vœu ne s'est malheureusement point encore complètement réalisé, ainsi que nous allons le voir tout à l'heure.

« On a produit récemment dans le sein du Corps législatif des documents comparatifs de l'état de l'agriculture en France et en Angleterre. Cette revue statistique n'est pas de nature à flatter notre amour-propre national ; mais je vous demanderai, néanmoins, la permission de vous la rappeler, car indiquer à des gens de cœur et surtout à des Français le but que d'autres ont atteint avant eux, c'est leur inspirer une violente impatience de rejoindre leurs concurrents et de les dépasser à leur tour.

« L'Angleterre, disait l'honoroble M. Guillaumin, sur une étendue de quatorze millions d'hectares de terres cultivables, produit plus que la France sur une étendue de quarante-deux millions d'hectares.

« En Angleterre, le grain produit en moyenne 12 pour 1 de la semence confiée à la terre. En France il ne rapporte que 6.

« L'Angleterre produit, en viande, cinq cent millions de kilogrammes ; la France, quatre cent millions seulement. C'est sur une étendue plus que double, 45 p. cent d'infériorité.

« En ce qui concerne la viande de porc, la proportion est de huit cent millions de kilogrammes en Angleterre et de quatre cent millions en France.

« Pour le lait, c'est deux milliards de litres que produit l'Angleterre, et la France un milliard de litres seulement.

« D'où il suit que pour nous mettre au niveau de la production anglaise il faudrait récolter en grain 42 p. cent de plus et augmenter la production de la viande de 350 p. cent.

« Si ces documents statistiques sont exacts, et nous devons le croire, car on ne les a pas contestés, il n'est rien qui soit de nature à stimuler plus vivement notre émulation et à nous faire rechercher, pour les combattre, les causes de notre infériorité.

« Sans tenter dans mon cadre trop restreint d'aborder ces grands problèmes d'économie politique et sociale, je dois cependant effleurer la question dans les points qui nous touchent le plus directement et pour lesquels nous avons pour ainsi dire sous la main des moyens pratiques de la résoudre.

« En premier lieu, chacun le reconnait, *c'est le capital qui nous manque*.

« Quant à moi, je pense qu'il serait plus juste de dire :

qu'il nous fait défaut pour le moment, mais qu'il dépend beaucoup de nous qu'il nous revienne.

« Pour le prouver, je vous demande la permission de vous rappeler ce qui s'est passé dans un département voisin, celui de la Mayenne, lorsqu'éclata la grande crise sociale de 1830.

« A cette époque, un grand nombre d'hommes actifs, intelligents et riches brisèrent, par un dévouement chevaleresque, les carrières qu'ils avaient suivies jusqu'alors et se livrèrent à la culture de leurs propriétés. L'armée put perdre des officiers d'avenir, la magistrature et les autres carrières durent regretter des sujets distingués, mais l'agriculture en recueillant cette phalange fidèle, gagna de précieux auxiliaires qui changèrent, en quelques années, la face du département de la Mayenne.

« C'eût été, Messieurs, une rare bonne fortune pour le pays si la crise de 1830 avait produit les mêmes effets dans toute la France et si elle eût partout rattaché à l'amélioration des campagnes, les forces que le dévouement aux sentiments politiques lui faisait perdre ailleurs.

« Cette modification d'existence n'a pas, malheureusement, été aussi complète dans d'autres départements que dans celui de la Mayenne ; mais s'il y a du temps perdu, le mal n'est point irréparable, et il serait à désirer que les intelligences et les capitaux que n'attirent pas le commerce ou les carrières civiles et militaire revinssent sérieusement à l'agriculture. Nos campagnes gagneraient sous tous les rapports à cette transformation que j'appelle de tous mes vœux.

« Si l'Angleterre s'énorgueillit avec raison d'une aristocratie territoriale riche et vivant dans ses terres, leur appliquant son intelligence et son capital, pourquoi n'essaierions nous pas de faire un peu de même ? Si nous vivons dans un état plus democratique que les Anglais, nous possédons en revanche une plus grande quantité de terres fertiles, et nous avons derrière nous une vaillante race de paysans qui ne demande pas mieux que d'associer loyalement son travail à nos capitaux.

« J'arrive de moi-même à l'objection que vous ne manquerez pas de m'adresser.

« Vous allez me dire que la main-d'œuvre est chère, et ce qui est pire encore, qu'elle devient rare; que malheureusement cette pénurie de forces productives coïncide trop souvent avec l'avilissement du prix des produits.

« Certes c'est une question redoutable que celle de la vie

à bon marché à côté de la main-d'œuvre chère ; et comment arriver à la résoudre dans ses termes rigoureux ?

« Vous n'y parviendrez, Messieurs, qu'en produisant à un moindre prix, c'est-à-dire en produisant une plus grande quantité sur une moindre étendue, et en réduisant ainsi vos prix de revient et vos frais généraux. En d'autres termes, en améliorant vos systèmes de culture et les voies de communication de toute nature qui vous mettent en rapport avec vos débouchés.

« Eh bien ! Messieurs, nous voici de nouveau en face du capital. Semer pour recueillir, c'est l'éternelle loi de la nature. Semons donc nos écus pour récolter abondamment du blé, de la viande et des engrais.

« Il nous faut des chemins de fer, des canaux, des routes départementales, des chemins de grande communication et d'intérêt commun, voilà pour les capitaux de l'État et des départements.

« Nous avons besoin de routes vicinales, de chemins ruraux, de machines agricoles, de charrues perfectionnées, d'engrais naturels et de fabrication commerciale, de prairies artificielles ou naturelles, et, par suite du perfectionnement de nos races de bestiaux, d'irrigations, de travaux de drainage : c'est la part des capitaux des communes, de l'industrie et des particuliers.

« Pour toutes ces choses, Messieurs, il reste encore beaucoup à faire. La tâche est lourde je n'en disconviens point, mais que chacun se mette résolûment à l'œuvre sans compter sur les autres pour ce qui le regarde, et le but sera plus promptement atteint qu'on ne le pense.

« En considérant le point où, dès aujourd'hui, on a poussé la besogne, il n'y a pas d'ailleurs lieu de perdre courage.

« Je ne puis bien connaître ce qui s'est fait de bon depuis 25 ans dans les départements de la région étrangeres au nôtre, mais si j'en juge par les excellents produits de toute nature qu'ils ont soumis à notre admiration, il me semble que sous le rapport des améliorations agricoles, ils n'ont rien à envier à personne. Quant à ce département, je lui dirai, sans lui conseiller l'orgueil, que s'il veut faire son examen de conscience, pendant ces 25 dernières années, il y trouvera de nombreux sujets de satisfaction.

« Qu'on se reporte, par exemple, à l'état où la loi de 1836 avait trouvé nos chemins vicinaux et qu'on se souvienne que nous avons presque terminé cet immense réseau de routes douces, solides, à pentes régulières qui traversent nos moindres hameaux. Qu'on songe que nos chemins de fer vicinaux passant des régions de l'espérance dans le domaine des faits, sont devenus, en partie déjà, une sérieuse réalité, et l'on verra bien qu'il y a lieu de se réjouir.

« Sous l'habile et active impulsion du service hydraulique, dont le concours pour l'étude et la surveillance des travaux est entièrement gratuit, 4,900 hectares ont été drainés dans la Sarthe depuis le 1er janvier 1850 ; et 4,969 kilomètres de cours d'eau ont été soumis à l'opération du curage de 1849 à 1864.

« Le service hydraulique dirige, en outre, un service spécial pour les irrigations, conduit avec un zèle au-dessus de tout éloge, et qui produit, chaque jour, des résultats qui se sont étendus depuis l'origine de son établissement, récente encore, à près de 1,200 hectares. Je puis vous dire pas suite de mon expérience personnelle que sans cours d'eau permanent et avec le seul secours des eaux pluviales ingénieusement recueillies, le service d'irrigation de la Sarthe fait doubler le revenu des terres qu'il arrose.

« Les comices agricoles, qui sont organisés dans le plus grand nombre de nos cantons, fonctionnent à merveille et ils comptent, en ce moment, 2,500 associés.

« Le nombre des membres actifs ou correspondants de nos sociétés d'agriculture sciences et arts, d'horticulture et du matériel agricole s'élève à près de 1,000. Ces diverses associations, pleines d'activité et de zèle, dirigées par des hommes éminents, s'occupent sans relâche d'expériences utiles et de discussions sérieuses qui sont reproduites dans des publications pleines d'intérêt. Quant aux résultats pratiques de leurs travaux, vous en pouvez juger vous-même par les produits distingués qu'elles ont soumis à l'appréciation du jury.

« Je dois mentionner aussi une innovation qui vient de s'introduire au Mans, celle des magasins généraux avec faculté d'émettre des warrants. Il serait à désirer que les cultivateurs comprissent qu'il est de leur intérêt de se servir de cet établissement pour y placer, dans les années d'abondance, une partie de leur récolte. En effet, tandis que les warrants leur permettraient d'emprunter les 3/4 ou même les 4/5 de la valeur de leur denrée, au taux le plus bas du commerce, ils empêcheraient l'avilissement des prix, en réduisant l'offre à la proportion de la demande, avec la certitude de vendre plus tard lorsque la cherté serait revenue.

« Il serait trop long d'énumérer ici tous les progrès que nous devons à l'initiative du conseil général, de l'administration et des particuliers, mais je ne puis passer sous silence l'adjonction d'un concours hippique à notre concours régional, l'institution d'un laboratoire chimique pour l'analyse des engrais commerciaux, ni la carte géologique de la Sarthe, véritable monument de science, qui va être convertie en carte agronomique grâce à la munificence du conseil général et au concours désintéressé de son auteur.

« Vous le voyez donc, Messieurs, les efforts publics et individuels ont tendu, sans relâche, au perfectionnement de l'agriculture; et à ceux qui oseraient prétendre qu'ils sont restés sans fruit, je dirais : « Regardez autour de vous; voyez « ces types magnifiques de toutes les races de bestiaux et de « chevaux utiles à l'agriculture et au commerce; examinez « ces machines ingénieuses qui viendront en aide à vos tra- « vailleurs ; considérez ces produits agricoles et horticoles « de tout genre, ces volailles exquises appréciées du monde « entier, ces fleurs qui viennent mêler l'agréable à l'utile, et, « si vous n'êtes pas encore convaincus de notre élan vers le « progrès, contemplez cette foule immense qui vous entoure « et demandez lui si elle n'a pas déserté la ferme ou l'atelier « pour venir glorifier la mère nourricière de la patrie, notre « chère et féconde agriculture! »

« Faut-il vous entretenir, Messieurs, de la part de l'État dans cet élan prodigieux de la nation vers le progrès agricole. Si je devais compter les chemins de fer qu'il a construits, les ports qu'il a creusés, les rivières qu'il a canalisées, les institutions de crédit qu'il a fondées; si je devais énumerer devant vous les subventions qu'il accorde, sous toutes les formes, au drainage, aux chemins vicinaux; si je voulais rappeler les encouragements à l'éducation des chevaux, aux comices, à toutes les sociétés utiles; si je vous parlais des concours universels, des concours regionaux et des expositions de toute sorte qu'il ordonne dans l'intérêt de l'agriculture, il faudrait reculer de beaucoup les limites déjà trop larges de ce discours, et ce serait vous entretenir de ce que vous connaissez aussi bien que moi.

« Il me suffira de vous rappeler que l'Empereur a l'agriculture en grande estime; qu'il l'aime et qu'il veut qu'elle soit en honneur, car ainsi qu'il l'a proclamé dans un de ses discours d'ouverture : « de son amélioration ou de son déclin « datent la prospérité ou la décadence des Empires. »

« Il me reste, Messieurs, à payer un juste tribut d'éloges à tous ceux qui, à divers titres, ont contribué à la splendeur de ce concours; à vous d'abord, Messieurs les exposants, car si vous ne pouvez tous obtenir des couronnes, vous méritez sans exception des encouragements par l'intérêt qui s'attache à vos efforts et à la valeur de vos produits; à vous ensuite, M. l'Inspecteur général, et à Messieurs les membres des divers jurys, car je réponds au sentiment public en vous remerciant de l'intelligente organisation de ce concours et de la rare sagacité dont vous avez fait preuve dans tous vos jugements qui seront, n'en doutez pas, ratifiés par l'opinion. D'accord avec vous, Messieurs, elle proclamera la supériorité des lauréats que vous allez couronner, et elle applaudira au choix du cultivateur distingué auquel vous avez décerné la récompense si enviée de la prime d'honneur. C'est pour lui un rare mérite que d'avoir su l'obtenir, car on ne peut oublier qu'elle a été disputée par vingt concurrents d'une grande valeur. Honneur à cet agriculteur éminent ! Il a conquis de précieux titres à l'estime publique et le département qu'il honore le félicite et le remercie par ma bouche.

« Nous faillirions au devoir de la reconnaissance si nous pouvions oublier de rendre grâces à la ville du Mans pour la splendide hospitalité qu'elle a donnée à notre concours. Assise dans de riantes et fertiles campagnes qu'arrose une rivière dont la canalisation sera bientôt complète, traversée par cinq grandes lignes de fer, favorisée par une position géographique qui lui permet de servir d'entrepôt entre les différentes parties de l'Empire, forte de l'intelligence et de l'initiative de sa population, l'antique cité des Cénomans sait qu'une nouvelle jeunesse, plus brillante encore que la première, a commencé pour elle avec l'ère des progrès industriels et agricoles. Elle a voulu, dès aujourd'hui, par ses largesses, se montrer à la hauteur de sa prospérité croissante et des destinées qui l'attendent. Honneur au maire et au conseil municipal qui ont compris avec tant d'intelligence le sentiment public et les légitimes ambitions de la ville du Mans ! En instituant ces fêtes magnifiques, à l'occasion de notre concours, ils se disaient sans doute : que l'agriculture et l'industrie ne sont point des rivales mais des sœurs, qu'elles ne peuvent être séparées et qu'elles doivent grandir en se prêtant un mutuel appui.

» J'ai terminé ma tâche, Messieurs, et nous n'avons plus qu'à distribuer les prix de ce concours. Que ce jour solennel ne sorte jamais de notre mémoire ; gravons cette date dans nos cœurs comme un souvenir et comme une espérance ! Ayons confiance, Messieurs; ayons foi dans l'avenir de la France. Souhaitons pour elle la paix avec les nations étrangères ; assurons nous mêmes, par une patriotique sagesse, la concorde intérieure, le rapprochement et l'union entre les citoyens. Tel est le vœu le plus cher du grand prince qui nous gouverne. Secondons-le de toutes nos forces ; soyons, autant que lui, intelligents de l'avenir et préparons, à l'envi, les temps heureux où tous les dissentiments entre les hommes ne dériveront plus que de la noble émulation d'assurer le progrès, la moralisation et la prospérité des peuples. »

Après ce discours, qui a été plusieurs fois interrompu par les applaudissements de l'assemblée, il a été donné lecture des divers rapports sur le concours ; la lecture de chacun de ces rapports était suivie de la proclamation des noms des lauréats.

Un dernier rapport a été lu sur la prime d'honneur par M. H. Besnard, cultivateur à Guitry (Eure), et M. Boitel a proclamé M. Laigle des Masures (de Saint-Pierre-des-Ormes), lauréat de la grande prime d'honneur du concours régional du Mans.

De nombreux bravos ont accueilli le nom de cet agriculteur émérite, qui est venu recevoir les félicitations de M. le préfet et de M. l'inspecteur général d'agriculture. On sait que ce grand prix d'honneur consiste en une somme de 5,000 fr. et en une coupe d'argent de la valeur de 3,500 fr.

M. Boitel a proclamé ensuite dans l'ordre suivant les noms des cultivateurs auxquels le jury a accordé des médailles d'or pour leur exploitation :

Une médaille d'or, grand module, à M. Courtillier, propriétaire au Perray (Précigné).

Une médaille d'or à M. Pellier, propriétaire à Yvré-le-Pôlin.

Une médaille d'or à M. Delaâge, propriétaire à Pont-vallain ;

Une médaille d'or à Mme la marquise de Pronleroy,

propriétaire au château de la Cour-de-Broc, à Dissé-sous-le-Lude;

Une médaille d'or à M. Buisson, propriétaire dans la commune de Bessé;

Une médaille d'or à M. de la Porte, propriétaire à Oizé;

Une médaille d'or à M. Dugrip, propriétaire à Valennes.

—

A 7 heures, un banquet de 300 couverts était donné par la ville aux lauréats du concours régional, dans la Halle aux toiles richement décorée.

Ce banquet était présidé par M. le maire du Mans et beaucoup de notabilités y assistaient.

A la table d'honneur, dressée dans le fond de la salle, M. le Maire avait à sa droite : M. le préfet de la Sarthe; M. le général de Lespars, commandant la subdivision militaire; M. le marquis de Talhouët, député de la Sarthe; M. Amédée Thayer, sénateur; M. Laigle des Mazures, lauréat de la grande prime d'honneur; M. Boisseau, président du tribunal civil du Mans; M. le général Lefèvre, commandant le Prytanée militaire; M. le colonel de gendarmerie de Blainvile.

A la gauche de M. le maire du Mans étaient placés : M. l'inspecteur général du concours hippique; Mgr l'évêque du Mans; M. Leret-d'Aubigny, député de la Sarthe; M. de Longueval, vice-président du conseil général; M. Vérité-Bidault, président du tribunal de commerce; M. le général Legendre; M. Paulze-d'Yvoy, colonel du 5e hussards; M. Quentin-Vérité, président de la chambre de commerce.

On remarquait encore, à la table d'honneur, MM. les sous-préfets et maires des chefs-lieux d'arrondissement et MM. Godefroy et Fisson, adjoints au maire du Mans.

Au dessert, M. le Maire s'étant levé, a porté le toast suivant à la famille Impériale :

« Messieurs

« Dans tous les temps l'agriculture a toujours été en grand honneur chez toutes les nations civilisées.

« Dans tous les temps, appelée à juste titre la mère du commerce et de l'industrie, l'agriculture a toujours fourni l'élément nécessaire au travail et aux transactions de tous les peuples.

« Dans tous les temps enfin, suivant son degré d'élévation ou d'abaissement, l'agriculture a toujours été le signe certain et la raison de la prospérité ou de la décadence des empires.

« Si telle est sa puissance, s'il est vrai qu'elle exerce légitimement une influence aussi considérable dans le monde des États ; avec quelle anxieuse sollicitude, avec quels persévérants efforts, je dirai plus, au prix de quels sacrifices ne doit-on pas rechercher et assurer tous les moyens propres à accroître une prospérité qui est elle-même la source première et féconde de toutes les richesses nationales.

Ces graves et sérieuses considérations empruntées à l'histoire de tous les âges, furent, sans aucun doute, la cause et l'origine des concours régionaux ayant pour objet le développement de l'agriculture et de ses progrès.

« Cette institution, Messieurs, qui compte à peine quinze années d'existence, a déjà tenu largement ce qu'elle avait promis, ses résultats ont été aussi remarquables par leur importance que par leur rapidité.

« Les premiers exposants furent d'abord timides, réservés et peu nombreux ; mais encouragés par d'intelligents et généreux exemples, ils ne tardèrent pas à reconnaître la haute portée de l'institution et les avantages qui pouvaient en être retirés, ils comprirent qu'il y avait dans ces grandes exhibitions régionales autre chose que des prix et des éloges à recevoir ; ils comprirent qu'il y avait beaucoup à apprendre et que pour rendre ces enseignements plus complets et plus profitables, il était nécessaire que les hommes véritablement attachés aux progrès de l'agriculture, vinssent, plus nombreux, apporter à l'œuvre commune leur part de savoir, d'expérience, de zèle et de dévouement ; ils comprirent enfin qu'il était nécessaire de rompre avec ces habitudes d'isolement qui tenaient depuis trop longtemps nos agriculteurs asservis à des méthodes de culture surannées, jugées et condamnées.

« Cette barrière de l'isolement franchie ou disparue, on vit bientôt des relations se former entre des hommes qui s'étaient jusqu'alors ignorés, des rapports s'établir entre eux pour apprécier et juger les différents modes de culture, pour raisonner l'éducation du bétail, pour discuter l'usage et l'emploi d'instruments nouveaux ou perfectionnés destinés aux besoins de l'agriculture.

« Telle a été partout, Messieurs, la marche constante et progressive des concours régionaux, c'est à leur action régulière et puissante, c'est à leur bienfaisante influence que nous devons ces améliorations de toute nature qui nous frappent et nous étonnent, c'est enfin à la noble émulation qu'ils ont inspirée que nous devons aujourd'hui cette brillante et magnifique exposition, qui est la manifestation splendide des immenses progrès encouragés et obtenus par cette grande et nationale institution.

« Aussi, messieurs, grâce à l'intelligente libéralite de son conseil municipal, grâce au concours éclairé et non moins généreux du conseil général de la Sarthe, grâce enfin à la bienveillance parfaite et toujours empressée de M le préfet à seconder nos efforts, la ville du Mans a-t-elle voulu donner à cette solennité un éclat inaccoutumé, qui fut à la fois un hommage à l'institution et un témoignage d'intérêt et de sympathie à l'agriculture.

« En parcourant cette exposition régionale, en admirant les produits agricoles qui s'y trouvent, ces races nombreuses et diverses d'animaux, améliorées, perfectionnées, renouvelées pour ainsi dire, tous ces instruments nouveaux ou perfectionnés, on ne saurait s'empêcher, Messieurs, de réfléchir et d'arrêter sa pensée sur toutes les difficultés, sur toutes les épreuves qu'il a fallu traverser et vaincre pour obtenir ces résultats, dont vous avez entendu, il y a quelques instants à peine, la brillante et intéressante description, résultats merveilleux qui ne sont pas seulement l'œuvre du temps et des sacrifices, mais encore l'œuvre d'une intelligence qui persévère et qui a la volonté ferme de réussir.

« Autrefois, Messieurs, les bras de l'homme étaient à peu près seuls chargés du soin de remuer la terre, de la préparer, de la cultiver et de ramasser ses produits ; aujourd'hui l'industrie, dont l'activité prodigieuse s'accroît en raison même de sa puissance et de son génie, est venue en aide à l'agriculture en créant pour elle ces nombreux engins que nous avons vus exposés, et dont l'emploi et l'heureuse application ont été un immense progrès au double point de vue de l'économie et de l'humanité, puisqu'en dehors de la réduction qu'ils ont opérée sur les frais de culture, ils ont eu pour conséquence un adoucissement sensible dans les rudes travaux de nos ouvriers des champs ; puisse, Messieurs, l'usage généralisé de ces bras mécaniques arrêter la dépopulation des campagnes, modérer, sinon conjurer cette tendance funeste qui les pousse à demander à l'atelier des villes une existence et des douceurs qu'il est impuissant à lui donner.

« Si l'application de la mécanique aux besoins de l'agriculture est devenue en quelque sorte nécessaire et obligée, il est une autre nécessité à laquelle il faut pourvoir, et dont l'urgence est partout et largement accusée ; je veux parler, Messieurs, de la nécessité d'une bonne viabilité rurale.

« Si le temps et le cadre restreint que j'ai dû naturellement m'imposer en parlant au milieu de vous, ne m'avaient empêché de donner à ma pensée le développement qu'exige un pareil sujet, je n'eusse pas hésité, Messieurs, à traiter une question qui touche si essentiellement aux plus grands intérêts de l'agriculture ; mais si je ne puis aborder ici la discussion d'un sujet aussi considérable, permettez-moi d'exprimer devant vous le vœu que le gouvernement de l'Empereur veuille bien mettre à l'étude les moyens légaux d'assurer plus efficacement et dans le plus bref délai possible, la confection et l'entretien de ces modestes voies rurales, destinées à servir en même temps aux besoins généraux de la circulation des campagnes et aux besoins particuliers de l'exploitation des terres, de ces chemins ruraux qui, achevés et entretenus, seront à l'agriculture ce que sont aujourd'hui les voies ferrées au commerce et à l'industrie, c'est-à-dire un moyen puissant et certain d'ajouter à la grandeur et à la prospérité du pays.

« Je n'abuserai pas plus longtemps, Messieurs, de votre bienveillante attention, mais avant de nous séparer ou plutôt de nous dire au revoir,

« N'oublions pas que c'est au gouvernement de l'Empereur que nous devons cette grande institution des concours régionaux.

N'oublions pas sa constante sollicitude pour tout ce qui touche aux interêts et aux besoins de l'agriculture.

« N'oublions pas enfin, Messieurs, qu'après avoir voulu la France grande et forte au dehors, l'Empereur veut aussi qu'elle soit grande et prospère à l'intérieur.

« Aimons donc l'Empereur, Messieurs, car aimer l'Empereur c'est aimer la France.

« A l'Empereur ! à l'Impératrice ! au prince Impérial ! »

—

M. le Préfet de la Sarthe s'est exprimé ensuite en ces termes :

MESSIEURS,

« Je vous ai entretenus très-longuement ce matin et j'ai perdu, pour ce soir, le droit d'abuser de votre attention.

« Je me contenterai donc de vous proposer un seul toast. Il s'adresse aux intérêts les plus considérables du pays.

« Je bois à l'union *intime, indissoluble* de l'agriculture, du commerce et de l'industrie !

« Ainsi qu'on vient de vous le dire, l'agriculture est la plus ancienne et la première des professions ; le commerce et l'industrie émanent d'elle, ils en procèdent, en quelque sorte, et ne sauraient vivre sans son secours.

« Mais si l'agriculture est la base de toute richesse sérieuse et durable, le ressort de toute activité soutenue, l'industrie qui fabrique les matières premières et le commerce qui distribue les produits dans le monde entier ne peuvent être moins en honneur qu'elle ; et c'est, je le répète, sur l'alliance intime de ces trois grandes professions que repose l'activité merveilleuse de cette ruche incessamment bourdonnante et empressée qu'on appelle un peuple civilisé.

« Le travail, Messieurs, ce devoir sacré ! unit par un lien étroit et fraternel l'agriculture, l'industrie et le commerce.

« Honneur donc au travail et arrière les paresseux et les oisifs !

« Toute initiative est bonne, toute carrière est honorable, tout effort est digne d'éloges dès qu'ils servent la grandeur et la prospérité du pays. La main qui guide la charrue ou qui manie l'outil n'est pas moins noble que celle qui tient la plume ou l'épée.

« Glorifions donc, Messieurs, l'amour du travail à l'égal de l'amour du devoir.

« L'amour du travail, c'est *l'honneur, la bravoure* du laboureur, du commerçant et de l'ouvrier. Il les place dans l'estime des hommes à côté du soldat qui donne son sang à la patrie.

« A l'agriculture, au commerce, à l'industrie, au travail !

M. le marquis de Talhouët a porté un toast dans lequel il a associé la municipalité du Mans, le conseil général de la Sarthe, le 5e hussards et la ville du Mans.

M. le maire a répondu à M. de Talhouët en portant une santé aux députés de la Sarthe.

La série des toasts a été fermée par M. Grimault, membre du Conseil général, qui a bu à la santé de M. Laigle des Masures, *Lauréat de la grande prime d'honneur du Concours régional de* 1865 !

RAPPORT

Sur les exploitations rurales qui ont concouru pour la grande prime d'honneur du Concours régional de la Sarthe,

Présenté par M. BESNARD, cultivateur à Guitry (Eure)

MESSIEURS,

Il y a un an, dans un remarquable rapport, M. Lecoulteux vous esquissait, en traits vifs et accentués, le tableau de l'agriculture de la Touraine et sa transformation sous les efforts couronnés de succès d'agriculteurs d'un haut mérite.

C'est une contrée voisine qui est aujourd'hui l'objet de notre étude. Animée du même esprit d'initiative, mais placée dans des conditions différentes et mettant en œuvre d'autres procédés d'amélioration, elle s'avance du même pas dans la voie du progrès.

Formé de cette partie du Maine qui confine à l'Anjou et à la Touraine, au Perche et à la Normandie, le département de la Sarthe offre, dans chacune de ces parties, avec son aspect particulier, le caractère des contrées qui l'avoisinent. Incliné du nord-est au sud-ouest, il doit à cette exposition et à la configuration de son sol un climat doux et égal ; les rivières qui l'arrosent et les magnifiques routes qui le sillonnent servent, avec les voies ferrées qui le traversent, à l'écoulement de ses nombreux produits. Peu de départements offrent, sous ce rapport, une variété égale à la sienne ; Paris reçoit depuis de longues années ses fruits, ses légumes, ses poulardes renommées, et les marchés du Mans, de Sablé, de Mamers lui livrent leurs grains ; les chanvres de la Sarthe alimentent de grandes fabriques de toile, et les nombreux bestiaux qu'elle élève vont s'engraisser dans les pâturages de la Normandie.

C'est dans cette dernière branche de l'économie rurale que ce département a réalisé ses plus rapides progrès. En possession d'une race bovine médiocre pour le travail, mauvaise laitière et n'ayant, comme avantage, qu'une légère aptitude à l'engraissement, l'agriculteur manceau l'a croisée avec la race durham et depuis, la qualité laitière, la précocité et l'aptitude à prendre la graisse se sont développées; la transformation n'est pas complète ; néanmoins, tous les doutes sont dissipés et l'on rencontre peu d'étables où le sang durham n'ait pénétré ; j'en excepterai, toutefois, les exploitations qui se livrent à l'industrie beurrière, ce sont les plus voisines de la Normandie; dans cette région, l'absence de la race mancelle explique aussi la rareté de la race durham, dont le croisement avec la cotentine n'offre pas le même avantage. Ce cas excepté, l'introduction du sang durham est une fortune pour l'agriculture de ce département, et elle peut montrer avec orgueil de remarquables reproducteurs primés dans les concours régionaux.

Une autre source de sa richesse est le chaulage ; il lui permet de fertiliser ses terres compactes, ses sols siliceux et de tirer immédiatement de bons produits de ses landes défrichées et de ses marais assainis.

Ici, comme dans presque tout l'ouest de la France, la moyenne culture domine; peu d'exploitations dépassent cent hectares, et fort peu tombent au-dessous de dix. Un grand nombre de propriétaires les dirigent eux-mêmes. Quant aux grands domaines, il sont en général divisés en métairies, cultivées par des colons, sous la surveillance du maître ; dans quelques localités enfin, il y a des fermiers, mais ils sont rares et quelquefois étrangers à la contrée.

Dans le Maine, sous la direction des grands propriétaires, le métayage a été un puissant auxiliaire du progrès, et je ne saurais mieux le juger qu'en empruntant les paroles d'un savant économiste : « Le bail a moitié fruit, a dit M. Léonce de Lavergne, en parlant de cette région, est une association véritable, une harmonie vivante qui, réunissant l'intelligence et le capital du maître avec l'expérience et le travail de l'ouvrier, amène des résultats de plus en plus favorables pour tous deux et entretient, par la solidarité des intérêts, l'affection et la confiance réciproques. »

Le jury a rencontré ces trois modes de faire valoir, mais dans des conditions qui ne permettent pas d'établir de comparaison entre eux.

Sans nous arrêter plus longtemps sur ce sujet, nous exposerons les mérites des divers concurrents; mais, avant tout autre, nous proclamerons dans cette enceinte le nom de l'éminent agronome couronné il y a sept ans, M. le vicomte de Charnacé, que ses grands travaux ont placé à la tête de l'agriculture de ce département. Le premier, il est sorti vainqueur de cette arène où de nouveaux émules se disputent aujourd'hui la palme. Dans un examen rapide, commandé par cette réunion solennelle, nous passerons en revue les travaux des vingt agriculteurs visités par la commission. Sept d'entre eux, après le lauréat de la prime d'honneur, ont mérité des médailles pour des améliorations bien entendues et des innovations utiles dans diverses branches de l'industrie rurale. Avant d'apprécier les résultats qu'ils nous ont présentés, nous dirons les efforts des candidats moins heureux qui se sont signalés au milieu de leur contrée par leur initiative et leur esprit de progrès, ou dont les œuvres ébauchées demandent, pour être jugées, la sanction du temps.

A Parennes, quelques irrigations de M. Morin ; à Mamers, les prairies artificielles de M. Marchand ; la tenue de ferme soignée et de nouvelles constructions rurales chez M. Legris, à Fercé ; près de Brûlon, les bonnes récoltes de M. Goinee, ont été remarquées de la commission.

A la porte de Saint-Calais, M. Feuillon exploite, comme fermier, une terre de 55 hectares où se rencontrent les pratiques agricoles du Perche : assolement quadriennal avec pacage des bestiaux, élevage des poulains et disposition des écuries en compartiments pour les poulinières ; mais ce qui distingue l'exploitant de ses voisins, c'est le bon emploi des engrais liquides qu'il répand en arrosage sur ses terres.

Non loin de Saint-Calais, à Coudrecieux, un flamand, M. Salembier, fermier de M. le comte du Luart, sur le domaine de la Verrerie-de-la-Pierre, cultive une étendue de 83 hectares de terres sableuses, de médiocre qualité, dont dix hectares ont été drainés par le propriétaire. M. Salembier est depuis sept ans sur cette ferme, et la durée de son bail est de vingt-et-un ans. A son arrivée, en 1856, le domaine était divisé en petits champs par des haies formées de têtards et de ronces, couvrant avec leurs chintres un espace considérable. Avec cette activité qui distingue l'agriculteur des Flandres, M. Salembier se mit à l'œuvre, et, en peu d'années, les haies disparurent et les espaces incultes furent livrées à la charrue.

Les bâtiments, reconstruits par M. le comte du Luart, offrent un bon ensemble ; dans la cour, une vaste fosse recueille les engrais liquides qui servent au printemps à l'arrosage des céréales. Il est à regretter qu'avec ses pratiques perfectionnées, M. Salembier ne suive pas un meilleur assolement : trois céréales se succèdent dans la rotation qu'il a adoptée ; néanmoins, le produit en blé s'est élevé de 12 à 20 hectolitres par hectare, résultat qui s'explique par l'usage du guano et du tourteau.

Les mêmes améliorations ont été réalisées par M. Bénard, sur son domaine de la Justière, et le comice de la Ferté-Bernard lui a décerné, en 1857, une médaille d'honneur pour ses travaux de terrassements et la complète reconstruction du corps de ferme.

Les trois agriculteurs que nous allons examiner ont conquis leurs exploitations sur des terres incultes.

Au Lude, sur son domaine de la Noëllerie, un ancien commerçant, M. Pothier, qui depuis douze années se livre avec ardeur aux travaux agricoles, a défriché et mis en valeur, avec le noir animal, une étendue de 54 hectares de landes. Ici, comme partout où cette méthode est suivie, les résultats sont excellents. Une plantation en avenue de plus de 1,000 pieds de pommiers et de châtaigniers est en voie de prospérité, et quelques hectares plantés en vignes et traités avec la charrée donnent de belles espérances. M. Pothier préfère sur ses landes défrichées la culture à la plantation en bois; le succès, jusqu'alors, a secondé ses efforts, mais il n'est qu'à la première période de son entreprise et il est prématuré de porter un jugement sur son œuvre.

M. Corvasier, à Dissé-sous-le-Lude, a défriché aussi les landes de son domaine et en a converti une partie en châtaigneraies et en sapinières ; les meilleurs sols, divisés en métairies, ont été loués à des colons, et les améliorations sont continuées sous la direction du propriétaire. Des marnières ont été ouvertes et l'emploi des amendements calcaires a permis la création de belles luzernières ; les plantes sarclées, traitées avec de grands soins, donnent des produits élevés dans un sol primitivement pauvre, qu'une culture intelligente a rendu fertile.

Il y a quatre ans, la ferme des Loties, qu'exploite par domestiques M. le marquis de Courcival, près de Bonnétable, n'était qu'un hameau composé de huit feux et divisé en autant de pauvres propriétés couvertes de jonc et de bruyère ; M. de Courcival les acheta toutes, détruisit les haies superflues, combla les fossés, draina 10 hectares de terres humides et remplaça les landes par de bonnes prairies. Les vieux bâtiments furent rasés et des construction nouvelles, heureusement disposées, s'élevèrent au centre de la ferme ; un troupeau de moutons croisés south-down fut créé, enfin, des instruments perfectionnés furent choisis pour l'exécution de tous les travaux du domaine.

Cette entreprise n'est qu'à son début et il reste encore beaucoup à faire pour la rendre complète.

Si nous quittons ce sol ingrat pour des contrées plus fertiles, nous trouvons sur la terre de la Cour, près de Ruillé-sur-Loir, cultivée par M. Guérineau, des vignes, des céréales, des plantes sarclées qui atteignent des rendements fort élevés; personne n'est surpris de trouver les écuries et les étables garnies de bons animaux, car M. Guérineau a dans toute sa contrée la réputation d'un grand connaisseur, et le cercle des affaires qu'il traite dans cette branche de commerce pour son compte et pour le compte d'autrui est fort étendu. La variété des spéculations et surtout l'ordre qui règne jusque dans les plus minutieux détails de l'intérieur, révèlent l'excellent organisateur.

M. Richer-Lévêque, un des principaux industriels d'Alençon, exploite par maître-valet, à Fyé, dans l'arrondissement de Mamers, la terre de Villette, de 60 hectares, mise en valeur depuis 1843, époque de l'acquisition. Ce domaine, que l'humidité rendait en partie improductif, est composé d'excellentes terres aujourd'hui assainies, dont l'aptitude fourragère est des plus remarquables. Les herbages et les prairies fauchables y atteignent leur maximum de produit; des céréales et des chanvres magnifiques, des plantations de pommiers et de haies de clôture en pleine croissance, rappellent, par leur végétation luxuriante, les contrées les plus plantureuses de la Normandie; le drainage et l'irrigation jouent un rôle important sur ce domaine qui élève de bons chevaux, entretient une vacherie remarquable et fabrique annuellement mille hectolitres d'excellent cidre.

M. Lévêque ne s'occupe qu'accessoirement de sa ferme, mais il aime la vie des champs et est fort entendu en agriculture; il offre cet exemple rare en France d'un industriel qui a préféré la mise en valeur d'un domaine rural à une propriété de simple agrément. Nous ne saurions douter un seul instant du bon résultat de son entreprise, et nous regrettons très-vivement qu'aucune note de comptabilité ne nous ait été présentée pour confirmer ce jugement.

Les exploitations que nous venons d'examiner présentent

des mérites divers, et quelques-unes peuvent prétendre dans l'avenir aux premières récompenses, mais toutes sont encore incomplètes. D'autres se sont plus approchées du but, et le jury leur a décerné des médailles pour des améliorations réalisées dans diverses spécialités.

M. Dugrip, propriétaire sur la commune de Valennes, arrondissement de la Ferté-Bernard, concourt pour son domaine de la Foucherie, d'une contenance de 97 hectares, formé par la réunion de parcelles acquises successivement depuis 1850. Nous ne sommes plus ici en présence du sol fertile de la ferme de Villette; une moitié des terres est sèche et pierreuse ; l'autre, humide et marécageuse. Les améliorations réalisées ne se traduisent pas par la même richesse de végétation, et il n'est personne qui n'en comprenne la raison à la simple vue du sol. Après avoir reconstruit les bâtiments qui tombaient en ruines, défriché les haies et les terres incultes, transformé en verger un pâtis traversé par des ravins, planté des peupliers et des bois sur les terres qu'il ne pouvait soumettre à la charrue ou convertir en pâturages; enfin, nivelé sur un parcours de 500 mètres la pente d'un chemin vicinal impraticable, et défoncé une grande étendue de terres en labour où la présence d'énormes blocs siliceux était un obstacle à l'exécution des travaux de culture, M. Dugrip entreprit le drainage de 40 hectares de prés marécageux. Ce travail a nécessité de fortes dépenses ; des collecteurs conduisent l'eau à douze et quinze cents mètres des terres assainies, l'un d'eux passe sous deux ruisseaux et sous la rivière de Braye, large de 10 mètres en cet endroit; aujourd'hui, ces prairies sont irriguées. Mais l'œuvre principale de M. Dugrip est l'établissement de son drainage, l'un des plus remarquables qui ait été exécuté dans le département de la Sarthe, et pour lequel la commission lui a décerné une médaille d'or.

Ce sont aussi des terres argileuses et siliceuses, reposant sur un tuf pierreux, qui composent la ferme de Montaupin, propriété de M. Delaporte, sur la commune d'Oizé. Depuis plus de 30 ans qu'il améliore cette propriété, M. Delaporte en a quintuplé les produits; la culture proprement dite a surtout attiré ses soins. Toutes les plantes que l'on espérait faire croître sur ce sol ingrat, y ont été successivement essayées. avec discernement et prudence, et le peu de profit que quelques-unes ont donné a forcé d'abandonner le chanvre, le madia, la navette, le maïs et les fèves.

L'assolement est régulier, alterne et quadriennal; les plantes sarclées sont à la tête de la rotation, les céréales de printemps leur succèdent, puis viennent le trèfle et les vesces; enfin, les céréales d'hiver occupent la quatrième sole.

Les moutons, plusieurs fois introduits sur le domaine, n'y ont pas prospéré, et les spéculations animales adoptées sont : une vacherie d'élevage, l'engraissement des bœufs, qui compte 60 têtes par an, et l'entretien d'une quarantaine de porcs.

Les terres arables de cette propriété ont été en partie conquises sur des landes, et c'est en comparant ses récoltes avec celles qui végètent dans un sol semblable, que l'on reconnaît la supériorité de la culture de M. de la Porte; ses judicieuses pratiques forment un enseignement précieux pour tous ses voisins en leur traçant la voie à suivre au milieu des difficultés que présente l'amélioration d'un domaine composé de mauvaises terres. La variété des plantes sarclées, sur la ferme de Montaupin, et leur extrême propreté a particulièrement attiré l'attention du jury qui a accordé à M. de la Porte une médaille d'or.

M. Buisson tient à ferme 130 hectares de terres argilo-calcaires de bonne qualité dans la vallée de la Braye, à Romigny-Visselle, commune de Bessé, près la Chartre. Depuis 1859, époque de l'entrée en jouissance, 8,500 mètres de haies et 5 hectares de mauvais pâturages sont mis en culture, 3,500 mètres de fossés d'irrigation sont ouverts dans les prairies et un barrage établi sur la rivière du Tesson permet l'arrosement sur une grande étendue. Toutes les spéculations animales sont représentées sur l'exploitation. La fabrication du vin et celle du cidre s'y pratiquent avec profit; la vigne et les pommiers reçoivent des soins intelligents. Enfin une comptabilité bien conçue, quoique encore incomplète, guide M. Buisson dans la conduite de sa ferme; mais son plus grand progrès est la création de magnifiques luzernières d'une étendue s'élevant aujourd'hui à 35 hectares, sur un domaine qui n'en avait jamais produit plus de cinq.

Une médaille d'or est la récompense accordée à M. Buisson, pour cette large part faite à la culture des prairies artificielles.

A Dissé-sous-le-Lude, Mme la marquise de Pronleroy fait valoir la terre de la Cour-de-Broc, d'une contenance de 66 hectares. Ce domaine, situé sur le versant de la vallée de la Marconne, appartient principalement aux formations géologiques du grès vert et de la craie tuffeau; l'étage moyen des terrains tertiaires représenté par les sables de Fontainebleau et l'argile à meulière les recouvrent sur une certaine étendue et constituent le sol du plateau ; enfin la vallée offre des alluvions modernes, tourbeuses dans leur partie profonde. Il résulte de là une grande variété dans la nature physique du sol qui rend sur certains points la culture très-difficile. Les obstacles que présentait la mise en valeur de la terre de Broc n'ont pas arrêté Mme la marquise de Pronleroy : fort instruite en agriculture et douée d'une grande fermeté de caractère, elle administre elle-même son domaine. Secondée par des agents qui méritent sa confiance et s'occupent de l'exécution des détails, elle s'est réservé l'organisation et la surveillance de l'ensemble. Elle suit attentivement les progrès de l'agriculture française et étrangère, apprécie avec une grande sûreté de jugement les méthodes nouvelles et les adopte lorsqu'elles sont applicables à son exploitation. Lors de l'arrivée de Mme de Pronleroy sur cette propriété, un sixième des terres restait en jachère ; le sol était pauvre, le bétail rare et maigre, la culture des prairies artificielles et des racines n'avait jamais été pratiquée.

Depuis cinq ans, les bâtiments d'exploitation appuyés à la colline ont été dégagés et rendus salubres, de nouvelles constructions se sont élevées, les terres fraîches ont été semées en prairies et les sols pierreux ou compactes plantés d'arbres forestiers, de noyers et de pommiers. Un assolement régulier, d'excellentes combinaisons dans la succession des plantes, l'action combinée des labours profonds et des fortes fumures ont puissamment accru la production des céréales avec lesquelles le trèfle et les racines alternent dans la rotation ; des landes sont défrichées et une partie plantée en sapins et en châtaigniers, d'autres assainies seront bientôt livrées à la charrue.

Les progrès de la culture permettent d'entretenir un bétail plus nombreux, des croisements avec les races durham et berkshire remplacent les manceaux et les craonnais purs. Les travaux s'exécutent à l'aide des instruments de Dombasle, d'Howard et de Bodin ; enfin les racines ne sont plus repiquées, un semoir les dépose dans un sol défoncé profondément et fortement fumé.

Le jury est heureux d'attribuer une médaille d'or aux diverses améliorations réalisées par Mme de Pronleroy et particulièrement à l'emploi du semoir.

Parmi les agriculteurs qui propagent la race durham dans

le département de la Sarthe, M. Delaâge occupe, sans conteste, le premier rang. Ce n'est pas que le bétail de ses étables soit très-nombreux ; mais il est le plus remarquable et lui a mérité les premières médailles du concours de Tours. Habile connaisseur, M. Delaâge ne s'arrête pas uniquement au choix de la conformation des reproducteurs. Les soins et les aliments qu'il donne à ses élèves sont parfaitement combinés ; il redoute, il est vrai, un trop grand développement du tissu adipeux chez une race où cette tendance s'exagère si facilement ; mais ce qu'il évite surtout c'est une alimentation volumineuse, qui, développant l'appareil digestif, donne à supporter à l'épine dorsale un poids sous lequel elle s'infléchit en détruisant cet ensemble de formes qui donne aux animaux les plus gras du sang durham le cachet qui est le signe de la supériorité de leur race.

A l'unanimité, le jury a décerné à M. Delaâge une médaille d'or pour ses magnifiques produits de race durham.

Longtemps avant de quitter les affaires qui ont occupé une partie de sa vie, M. Pellier avait arrêté un plan d'améliorations agricoles à réaliser sur une propriété de son père. En 1854, le moulin qu'il possédait près du domaine de famille, à Jupilles-Fessard, commune d'Yvre-le-Pôlin, tombait en ruines. il le releva et y ajouta une féculerie mue par la vapeur. Quelques hectares de terre tenaient à l'usine ; il y fit son apprentissage agricole, et lorsqu'en 1863 le fermier de Jupilles vint, à l'expiration de son bail, remettre sa terre entre les mains de M. Pellier, les projets médités reçurent sans délai leur application. A côté de la féculerie s'élevèrent les bâtiments d'un corps de ferme, modèle de simplicité et d'économie. Le domaine portait des pins en âge d'être exploités : les abattre, installer une scie circulaire, débiter les charpentes, les planchers, tous les bois nécessaires à des constructions légères, ce fut l'affaire de quelques semaines. Des hangars, des écuries, des porcheries, une étable où sont adaptées quelques-unes des dispositions usitées en Flandre, tout fut promptement terminé. M. Pellier commençait en même temps l'amélioration des terres du domaine, terres siliceuses et pauvres que le fermier sortant laissait dans le plus complet état d'épuisement. C'est à l'agriculture industrielle qu'il demandait la fertilité de son sol. Cultiver sur un tiers de son domaine la pomme de terre, cette plante par excellence des terrains pauvres, en obtenir par la fabrication deux produits : d'abord, la fécule, substance inaltérable qui peut attendre des années un cours rénumérateur, et qui, vendue, n'enlève aucune fertilité au domaine; puis des résidus très-appréciés des bestiaux, c'est satisfaire à cette prescription des agronomes : produire beaucoup de nourriture pour entretenir un nombreux bétail et recueillir d'abondants engrais. M. Pellier importe chaque année et mélange dans ses fumiers 35,000 kilog. de déchets de pêcheries, substances riches en matières azotées et en phosphate de chaux; puis des phosphates fossiles qui lui ont permis de créer une luzernière et des trèfles aujourd'hui en pleine végétation. Je n'entrerai pas dans le détail des soins multipliés et bien entendus qu'il donne à ses cultures de plantes sarclées et de céréales, des instruments qu'il emploie, des sacrifices qu'il s'est imposés pour terminer, près de sa terre, des chemins vicinaux dont il conserve presque seul l'entretien.

Ce que de moins habiles mettent de longues années à réaliser, M. Pellier l'a fait en deux ans ; l'excellence des méthodes qu'il a mises en pratique est incontestable, et l'on peut, dès aujourd'hui, juger son œuvre.

Il est encore deux concurrents que l'importance de leurs travaux et la considération qu'ils ont acquise dans leur contrée par de longues années consacrées aux progrès de l'agriculture, placent au premier rang dans ce concours. C'est par l'examen de leurs mérites que nous terminerons cette étude.

Siége d'une ancienne abbaye, le domaine du Perray-Neuf, sur la commune de Précigné, avait été vendu, en 1791, par lots séparés. En 1836, M. Courtillier était devenu propriétaire de la ferme de Mareil, le plus important de ces lots, et quelques années après, des bâtiments de l'abbaye avec 17 hectares de dépendances.

Bientôt les débris et les ruines amoncelées sur le sol par le temps et l'abandon avaient disparu, et l'habitation abbatiale, distribuée en maison du monde, s'était transformée en château. Enfin, plusieurs autres propriétés, successivement réunies au domaine principal pendant une durée de 25 ans, ont porté son étendue totale à 120 hectares. Les terres sont calcaires, argilo-siliceuses et siliceuses avec sous-sol de glaise ; leur extrême variété a mis quelques obstacles à l'application d'un assolement régulier, et M. Courtillier suit sur plusieurs points des assolements différents, soumis au principe de l'alternat. Il a assaini ses sols humides avec des fascines avant que l'usage des tuyaux fut connu. Aujourd'hui, il y a sur le domaine 30 hectares drainés d'après les procédés récents. L'irrigation est aussi possible sur 12 hectares, c'est-à-dire la moitié des prairies naturelles; l'étendue de ces dernières doit s'accroître d'un étang desséché et mis en culture dans les conditions les plus difficiles qu'un terrain argileux puisse présenter. Ce travail, dont les résultats ne laissent rien à désirer, n'est pas le plus important exécuté pour l'exploitation des prairies. La rivière qui les baigne, encaissée entre deux murailles, débordait pendant les grandes pluies de l'été et couvrait de limon une partie des fourrages; la nature rocheuse du lit, sur une longeur de 25 mètres, était un autre obstacle au libre cours de l'eau. Après une étude générale de cette rivière, M. Courtillier fit régulariser la pente du lit et enlever une épaisseur de roc de 0m 90 centimètres; puis, continuant ce travail en amont, il trouva à 500 mètres de son moulin le bief d'aval de ce dernier plus élevé de 1 mètre 50 que la rivière; il fit augmenter d'autant sa profondeur, et la chute, qui n'était que de 2 mètres 50, fut portée à 4; il changea le système de la roue hydraulique, et la force motrice se trouva augmentée de quinze-seizième.

Le moulin était loué 500 fr.; M. Courtillier en reprit l'exploitation, le fit monter à l'anglaise : aujourd'hui le profit annuel est décuplé, et la dépense totale ne s'élève qu'à 12,000 fr.

Les bâtiments de la ferme du Marcil, contigüs aux constructions de l'ancienne abbaye, ont été utilisés; leurs dispositions sont commodes, de grands travaux de terrassements ont été faits pour les relier les uns aux autres par des pentes régulières et leur donner plus d'ensemble. Une fosse de 90 mètres cubes recueille tous les débris végétaux, les eaux de la cour y sont dirigées et le terreau extrait chaque année est conduit sur les prés.

L'abondante production fourragère permet l'entretien d'un bétail nombreux. L'étable compte 30 vaches dont les produits sont vendus à trois ans à la boucherie ou comme reproducteurs. L'espèce bovine appartient au croisement durham-manceau; mais le sang indigène, dont il ne reste plus que de légères traces, s'efface à chaque génération; toujours largement nourrie, son développement est prompt et son engraissement rapide. Avec cette méthode, la plus judicieuse qu'il y avait à suivre, il ne fallait plus songer au pacage des chaumes, les animaux y dépérissaient; aussi, en 1857 M. Courtillier introduisit-il des moutons sur le domaine.

Nous n'avons pas donné tous les éloges qu'elle mérite à la création de cette propriété, fruit de toute une vie d'étude et de travail. Depuis plus de trente ans des livres régulièrement tenus ont permis de contrôler les opérations et d'en apprécier les résultats. Mme Courtillier, initiée à toutes les tentatives d'améliorations, a su partager les épreuves et les succès; elle s'était réservé avec la direction de l'intérieur le soin minutieux de la comptabilité; l'ordre que son précieux concours a fait régner dans les détails variés de l'organisation, est le plus important des éléments qui ont fait la prospérité du Perray-Neuf, et son nom doit être uni à celui de M. Courtillier dans la récompense qui a consacré le succès de cette œuvre, œuvre digne de servir d'exemple, que les agriculteurs du canton de Sablé ont bien appréciée en appelant, depuis de longues années, M. Courtillier à la présidence de leur comice.

Mais un rival redoutable s'est présenté dans la lutte et ses titres nombreux demandent une étude attentive.

Entraîné vers l'agriculture par un goût passionné, M. Laigle des Masures débute dans cette carrière en visitant le nord de la France, les Flandres, la Belgique, la Hollande; il acquiert dans ces riches contrées la connaissance des méthodes les plus nouvelles, et, dans ce premier élan de la jeunesse qu'aucune difficulté n'arrête, en compagnie d'un ami qui partage ses idées, il va demander au sol américain des terres que la main de l'homme n'ait pas encore fécondées; mais la mort lui enlève le compagnon de ses travaux et sa douleur le ramène en France.

En 1849, le propriétaire du domaine de la Chamfortière auquel l'attachent les liens de l'amitié, le consulte sur la direction à donner à sa terre, lui confie ses insuccès, et trouvant en son ami un amour de la vie des champs et une ardeur que lui-même est loin de ressentir, il lui offre sa propriété en échange d'immeubles que M. Laigle des Masures possède en Normandie. Cette proposition eût fait hésiter les plus audacieux parmi les pionniers du progrès agricole : le domaine ruinait ses fermiers et le propriétaire y dépensait, en pure perte, le plus clair de ses revenus. M. Laigle des Masures n'hésita pas, il accepta l'échange et prit possession de la Chamfortière. Ce qu'était ce domaine, sa mauvaise renommée nous l'a appris : il servait de point de comparaison lorsqu'on voulait désigner des terres de la dernière qualité.

Par sa constitution géologique, il appartient à l'étage moyen de la formation jurassique; une argile bleue compacte compose la plus grande partie du sol, elle alterne sur beaucoup de points avec des couches minces de graviers siliceux et de calcaire marneux. Aucun sol n'exige plus d'observation de la part de l'agriculteur qui doit y exécuter ses labours et ses façons d'ameublissement, que ce mélange de glaise et de calcaire qui retient l'eau avec énergie et adhère fortement aux instruments de travail.

La ferme, d'une étendue de 40 hectares, était divisée en dix-sept enclos irréguliers entourés de haies. L'humidité continuelle neutralisait l'action des engrais et des amendements. A l'exception de la clôture du domaine, toutes ces divisions ont disparu ; les terres provenant des levées ainsi que des fossés ouverts pour l'assainissement, répandues sur les champs, forment un cube de 80,000 mètres ; le drainage de 26 hectares a suivi ce travail ; néanmoins l'abondance des eaux est telle à certaines époques de l'hiver, que l'on a maintenu plusieurs tranchées à ciel ouvert ; une disposition ingénieuse s'oppose au refluement des eaux dans les drains. A la suite de l'assainissement sont venus les labours profonds, les défoncements, et le sol arable s'est trouvé en communication avec le sous-sol graveleux. Après quatre années consacrées à cette transformation, la Chamfortière recevait un assolement régulier, longuement médité et exempt du caractère un peu banal de certaines rotations, acceptées presque sans contrôle et qui se répètent de ferme en ferme sans que les aptitudes du sol et certaines conditions spéciales du domaine aient été suffisamment étudiées.

La rotation, d'une durée de dix années, est la suivante :

1re année. — Plantes sarclées (betteraves, carottes, pommes de terre, chanvre et choux), avec une fumure abondante et 100 hectolitres de chaux à l'hectare.

2e année. — Orge (elle reçoit la semence de la luzerne et du sainfoin).

3e, 4e, 5e, 6e années. — Luzerne.

7e année. — Blé (la seconde coupe de la luzerne est enterrée avec une 1/2 fumure pour cette céréale).

8e année. — Choux, vesce d'hiver, trèfle rouge, seigle-fourrage (à ces deux dernières plantes succède, la même année, une étendue égale de vesce de printemps sur la fumure destinée au blé).

9e année. — Froment.

10e année. — Avoine.

Le sainfoin mélangé de luzerne pendant cette première période reste seul durant la seconde, pour faciliter le retour de cette dernière plante à la troisième rotation.

On pourrait faire à cet assolement deux critiques : le retour fréquent des légumineuses, et la succession de deux céréales. Nous répondrons à ces objections : que l'aptitude du sol pour ces plantes est des plus prononcées, et que le sous-sol de marne et de gravier est le milieu le plus favorable au développement des racines de sainfoin et de luzerne ; enfin, que la succession de deux céréales, dans les conditions de fertilité où se trouve aujourd'hui le sol de M. Laigle des Masures, a pour elle l'autorité de Dombasle.

Toute cette fertilité s'est développée par d'importants achats d'engrais : fumier de caserne, tourteau et guano ; elle a servi de base à une grande production de fourrages. Ainsi, l'étendue du domaine primitif était de 40 hectares, diverses acquisitions l'ont portée à 63 hectares ; sur cette étendue, 45 hectares, c'est-à-dire 75 p. 0/0, sont affectés aux plantes fourragères.

L'emploi de la chaux, de la cendre et du plâtre a porté au maximum la production des luzernières ; de riches composts ont également développé le rendement des prés.

Nous connaissons maintenant les procédés mis en œuvre, comparons la position présente au point de départ, en suivant les différentes phases présentées par le domaine.

Depuis 1849 jusqu'en 1862, il ne se composait, avons-nous dit, que de 40 hectares ; ce qui a été fait pour cette étendue a été appliqué aux 23 hectares acquis après cette époque. Le prix de location était de 1,200 fr., c'est-à-dire de 30 fr. l'hectare ; le fermier était ruiné, le domaine fut vendu 32,000 fr. La récolte totale sur pied valait 500 fr., le bétail se composait de quatre juments et de trois vaches, ces trois dernières estimées ensemble 320 fr. On ne récoltait autrefois ni trèfle, ni plantes sarclées, les ronces couvraient les pâtures et les prairies rendaient par hectare 1,200 kil. de foin, le blé donnait 6 hectolitres. Aujourd'hui les prés produisent 5,000 kil., les luzernes de 8 à 10,000 kil., les froments 30 hectolitres, les racines 60,000 kil.

En 1857, le capital foncier, y compris les améliorations réalisées, s'élève à . . . . 51,000 fr.

L'inventaire du mobilier approche de . 11,000

L'intérêt du capital engagé dépasse. . 5 0/0

de 1858 à 1862, il atteint. 10 0/0

en 1863, il est de. 13 0/0

A cette époque, le capital foncier s'élève à 112,000
le mobilier à. 58,000

Les 112,000 fr. du capital foncier se composent du prix d'acquisition montant à 52,000 fr. et de 60,000 fr. d'améliorations capitalisées consistant en drainage, constructions et terrassements.

Le bénéfice de l'année 1863 est de 22.000 fr.; si l'on retranche de cette somme la rente de la terre, estimée à 3 0/0 du prix d'acquisition, il reste pour intérêt de la dépense faite sur le fonds augmentée du capital d'exploitation, plus de 17 0/0. De tels résultats n'ont pas besoin de commentaires. Cherchons cependant une des conditions du succès de cette entreprise : la quotité du capital d'exploitation par hectare. En ajoutant au capital mobilier, qui est de 58,000 fr., la valeur de l'engrais en terre, c'est-à-dire l'équivalent de cette avance que fait tout fermier à son entrée sur une propriété et qu'il réalise au terme de sa jouissance, nous trouvons que le capital d'exploitation dépasse 1,000 fr. par hectare. Enfin, pour présenter sous une autre forme les résultats obtenus, nous dirons que ce domaine dont l'acquisition et les améliorations s'élèvent au chiffre de 112,000 fr. et qui, chaque année, a donné un produit en argent plus que suffisant pour payer la rente de la terre et l'intérêt du capital engagé, à l'heure présente et dans l'état de fertilité où il se trouve, a atteint une valeur vénale de 190,000 fr.

Si la fortune de M. des Masures s'est accrue au prix de luttes et de fatigues, un but plus élevé a été l'objet de ses pensées. Ce n'est pas seulement la fertilisation d'un domaine qu'il s'était proposée; il cherchait surtout à rendre meilleur le sort de l'ouvrier des champs : le mettre en position de réaliser des salaires plus élevés pour augmenter son bien-être matériel, développer son intelligence en l'appelant à l'exécution de méthodes nouvelles, en lui confiant des instruments perfectionnés, enfin, le soustraire à l'attrait funeste des grandes villes, tel était le programme que s'était proposé M. des Masures, et qu'il a suivi avec quelque succès.

Les débuts de M. Laigle des Masures n'ont pas été exempts d'épigrammes et de sourires incrédules ; mais resté ferme dans la voie qu'il s'était tracée, il a trouvé dans les suffrages de ses collègues qui l'ont porté à la présidence du comice de Mamers, une première récompense de sa persévérance et de ses énergiques efforts.

Nous avons dit les mérites des deux rivaux de cette lutte dont la coupe d'honneur est le prix; mettons en parallèle leurs domaines, objets de tant de soins. Sans donner aux chiffres une valeur absolue, nous constatons des deux côtés des profits élevés, présentés par une comptabilité régulièrement tenue, de la méthode dans les opérations, des entreprises couronnées de succès, la création de vacheries remarquables, l'une durham-mancelle, l'autre cotentine. Mais lorsque nous portons nos regards sur la culture proprement dite, l'égalité cesse. Au Perray-Neuf, si les terres de l'abbaye, longtemps délaissées, ont vu renaitre leur ancienne fertilité, disparue avec le monastère, le présent n'a pas accompli toutes ses réformes : de vieilles haies demandent à être supprimées et l'assolement à prendre une forme plus précise; l'étendue des prairies artificielles est restreinte et tous les sols cultivés n'ont pas reçu les améliorations indispensables pour la création de luzernières. A la Chamfortière, au contraire, plus de chaintres, plus de haies inutiles; sous l'influence d'une culture énergique et d'un bon assolement, l'infécondité séculaire du sol le plus rebelle a fait place à d'abondantes récoltes, toute l'étendue des terres arables a été profondément fouillée, assainie, fécondée; les vieux bâtiments d'exploitation réparés ont vu s'élever autour d'eux de nouvelles constructions remarquables par la bonne entente de leurs détails et disposés pour recueillir les engrais avec un soin que nulle exploitation n'a présenté au même degré. Enfin, une large part est faite à la culture de la luzerne dont la végétation merveilleuse paie avec usure les sacrifices qui l'ont préparée.

Quelque avancé dans la voie du progrès que soit le Perray-Neuf, il a été dépassé par la Chamfortière, et le jury a accordé à l'unanimité une médaille d'or grand module à M. Courtillier, comme récompense de sa belle vacherie et de ses remarquables travaux d'irrigation, et décerné la prime d'honneur à son heureux rival, qui, jeune encore, peut, tournant ses regards vers le passé, jouir de cette satisfaction intime que donne la pensée d'avoir créé une œuvre utile à son pays.

Le rapporteur : H. Besnard,

Cultivateur à Guitry (Eure.)

SECTION DES INSTRUMENTS

RAPPORT DU JURY.

Lorsque l'on pénètre dans l'enceinte si heureusement disposée, où sont exposés les machines et instruments, à la vue de tous ces appareils si variés, de ces outils ingénieux, on est conduit à cette conclusion que si la mécanique agricole est en honneur dans ce pays, c'est que son agriculture est en voie de progrès ; c'est que le cultivateur reconnait qu'il a besoin, pour lutter contre les difficultés qui l'entourent, de ces procédés et de ces engins que l'on s'était habitué à considérer comme étant du domaine exclusif de l'industrie proprement dite. Quelle protection, en effet, l'agriculture ne trouvera-t-elle pas dans leur emploi contre cette émigration qui tend à porter, au détriment des campagnes, les travailleurs vers la ville ? Où en serait notre industrie si, persévérant dans ses anciens procédés, elle n'était parvenue, par leur transformation, à un abaissement des prix de main-d'œuvre, à une production plus considérable et plus variée, réglée sur les circonstances et les besoins ? Personne ne doute que l'agriculture doit suivre cet exemple. Les préjugés tendent, du reste, tous les jours à s'affaiblir. Ceux qui redoutaient le plus l'introduction des machines commencent à s'apercevoir qu'elles ne leur enlèvent pas leur salaire, mais que leur application entraîne une culture de plus en plus agissante, et par cela même, déplaçant peut-être le travail, mais lui créant de nouveaux et certains débouchés.

Ces tendances utiles ont été heureusement favorisées dans le département de la Sarthe par la création de la Société du matériel agricole, dont le succès a couronné l'entreprise, et aux efforts de laquelle le jury a voulu donner aujourd'hui de sympathiques encouragements.

Fondée à la fin de 1857 par les ingénieurs des ponts-et-chaussées et des mines et les principaux agriculteurs de la Sarthe, elle s'est proposé de propager les instruments perfectionnés et d'encourager leur fabrication. Elle a établi un dépôt, véritable exposition permanente ; elle fait chaque année des conférences et des essais publics ; elle loue et vend ses machines ; elle inspire et patronne les fabricants.

Il est résulté de cette institution d'importants résultats ; nous en donnerons tout à l'heure les preuves en rendant compte d'une machine qui a fait sensation, dont la Société a vu naître l'idée, et dont elle a suivi les développements successifs. C'est une consécration heureuse de la marche adoptée par les honorables fondateurs ; la voie ouverte par eux s'élargira tous les jours davantage, et l'agriculture doit attendre de nouveaux profits de cette inspiration progressive et désintéressée.

Un laboratoire de chimie, habilement dirigé par l'ingénieur des mines du département, apporte notamment, en ce qui concerne les engrais, de précieuses lumières aux cultivateurs de cette contrée favorisée.

Cette justice rendue, nous allons avoir l'honneur de résumer les opérations de la section du jury chargée de juger :

Les manéges à chevaux, les moteurs à vapeur, les différentes catégories de batteuses ;

Les machines à égrener le trèfle ;

Les appareils à élever l'eau et les pompes à purin ;

Et enfin les outils à broyer le chanvre.

Nous suivrons dans cet examen les numéros de l'arrêté réglementaire.

4° *Manéges applicables aux divers besoins de l'agriculture.*

Six concurrents de la région ont amené 12 manéges. MM. Gérard et Besnard, présentant des instruments déjà récompensés de médailles d'or, ont obtenu le rappel de celles-ci. Après un examen attentif, le jury accorde une médaille d'or à M. Renaud, du Mans, à cause de la simplicité, de la bonne exécution et de la facilité du mouvement. M. Brethon, de Tours, qui a appliqué à ses axes les dispositions rappelant celles adoptées pour les turbines, mérite la médaille d'argent, et M. Gerbouin, de Sablé, celle de bronze pour un manége en dessus qu'il a complété par une transmission simple, pouvant mettre en marche, outre la batteuse, six instruments, un aplatisseur, un concasseur, deux hache-paille, un grand et un petit, un broie-pommes et un coupe-racines.

Hors région, M. Bodin, de Rennes, a obtenu une médaille d'or pour un manége solidement construit et bien agencé, comme tout ce qui sort des ateliers de cet habile constructeur. Les engrenages présentent un perfectionnement utile. La roue se décompose en huit segments, comprenant un même nombre de dents, de sorte que si quelques-unes se cassent, deux boulons s'enlèvent, un segment nouveau est rapporté, et la réparation rapidement et facilement faite.

M. Gautreau a reçu une médaille de bronze, et M. Thouvenin, de Toury (Eure-et-Loir), a vu rappeler la médaille d'argent précédemment obtenue.

5° *Machines à vapeur fixes applicables à la machine à battre ou à tout autre usage agricole.*

Nous n'avons eu à examiner que deux machines à vapeur fixes ; l'une de M. Cumming, d'Orléans; l'autre de M. Fournier, mécanicien au Mans.

La première est fixée sur la chaudière qui doit lui fournir la vapeur. Cette chaudière est verticale à deux bouilleurs horizontaux. Le réservoir de vapeur manque un peu d'élévation, de sorte que celle-ci, prise à une faible hauteur, arriverait humide au cylindre si elle s'y rendait directement. On a obvié à cet inconvénient en faisant passer le tuyau d'arrivée dans la cheminée, de manière à avoir de la vapeur surchauffée et par conséquent sèche.

Le cylindre vertical est renversé, la tige du piston se trouve ainsi en bas ; il n'y a ni condensation, ni détente; la bielle présente une assez grande longueur relativement à la course du piston, à la tige duquel est reliée la pompe alimentaire. Un régulateur à force centrifuge, muni d'un contrepoids agissant sur la valve d'introduction, règle la vitesse.

C'est, en résumé, une bonne machine, établie par un constructeur qui a fait ses preuves. Le jury décerne à M. Cumming une médaille d'or.

La machine de M. Fournier est à cylindre vertical et traction directe ; l'arbre moteur sur lequel se trouve le volant est supporté par un bâtis en fonte à cinq colonnes. La force est d'un cheval et demi. Elle est destinée à fonctionner dans des ateliers, des chocolateries, et, quoiqu'elle ne rentre pas dans les conditions du programme, le jury, considérant qu'elle a été faite par un ouvrier, que l'exécution est très-soignée, décerne à M. Fournier, à titre d'encouragement, une mention honorable.

6° *Machines à vapeur mobiles applicables à la machine à battre ou à toute autre machine agricole.*

Le nombre croissant des machines à vapeur dans les concours régionaux, l'extension que prend leur fabrication, et le développement donné aux usines où on les prépare, indiquent évidemment que la demande augmente, et qu'en présence de besoins avérés, le moteur à vapeur tend à se substituer à celui à chevaux.

Douze machines, dont neuf dans la région et trois hors région, se sont rendues sur le champ du concours. Celle de

MM. Brisson et Fauchon n'ayant pu marcher par suite de manque d'une pièce importante non arrivée à temps ; et celle de M. Séquart dont la force est de douze chevaux, et le poids trop considérable pour pouvoir être facilement transportée dans la campagne, étant hors des conditions du programme, et ayant dû, malgré ses bonnes dispositions et sa construction soignée, être mise hors concours, le jugement ne porte que sur sept appartenant à trois constructeurs : MM. Girard, Del et Brouhot, tous de Vierzon, et M. Cumming.

Nous allons les décrire rapidement :

Les locomobiles de M. Girard sont à cylindre horizontal, sans détente ni condensation. La bielle est longue eu égard à la course du piston ; un régulateur à contrepoids n'agissant pas directement sur la valve d'introduction, maintient la vitesse constante malgré les variations de résistance. Ce régulateur fonctionne bien, car, pendant la marche, la courroie étant enlevée, la vitesse n'a pas augmenté d'une manière sensible.

La chaudière ne présente rien de particulier, si ce n'est dans son foyer qui est elliptique, bonne disposition qui permet de supprimer les entretoises nécessaires pour consolider le ciel du foyer ordinaire des locomotives. Ces machines, de la force de cinq chevaux, sont à la fois d'une construction simple et soignée. Le jury accorde à M. Girard une médaille d'or.

Les deux machines de M. Cumming sont, comme les précédentes, à cylindre horizontal, sans détente ni condensation et à longue bielle. Les foyers des chaudières sont différents, l'un est prismatique, l'autre cylindrique, uniquement pour satisfaire aux demandes, le constructeur n'ayant point de préférence. La vitesse ordinaire est réglée au moyen d'un appareil ordinaire à force centrifuge avec contre-poids agissant directement sur la valve.

Ces machines sont bonnes et justement appréciées, le jury rappelle à M. Cumming la médaille d'or par lui obtenue aux précédents concours.

MM. Del et Brouhot ont exposé, sous les n°s 63 et 65, deux locomobiles à peu près de même modèle ; elles diffèrent cependant par la distribution. Le n° 63 est à détente, qui n'existe pas dans le n° 65. La disposition des chaudières est la même que celle des locomotives. Elles sont à cylindre horizontal avec bielle de transmission dans de bonnes proportions, avec la course du piston. Le régulateur à force centrifuge agit dans l'un sur le taquet qui fait varier la détente, dans l'autre sur la valve d'introduction. Il fonctionne bien, et la courroie enlevée, la machine a continué sa marche avec une très-minime augmentation de vitesse.

Ces machines sont soignées, elles méritent le rappel de la médaille d'or précédemment obtenue.

Le jury exprime sa satisfaction pour cette partie du concours, et regrette que le nombre restreint des récompenses l'ait contraint d'appliquer strictement les conditions de l'arrêté, et de n'avoir pu substituer à de simples rappels, des médailles d'or nouvelles que les efforts constants des constructeurs méritants, entre lesquels il y a quelques difficultés à se prononcer, lui paraissent justifier.

Hors région, M. Durenne, de Courbevoie, a exposé trois machines, deux très-fortes, et à ce titre, comme celle de M. Sequard, plutôt industrielles qu'agricoles. Dans ces deux machines, le cylindre légèrement incliné, est tout entier dans le réservoir à vapeur, lequel est surmonté d'un cylindre de même diamètre, contenant un appareil Wagner pour l'épuration de l'eau.

Le jury a remarqué la troisième à dimensions assez faibles, ayant toutes ses pièces solides et bien étudiées et présentant ceci de particulier, qu'elle est tout entière montée sur une plaque de fonte boulonnée sur la chaudière, de sorte que l'on peut très-facilement la transformer en machine fixe. Elle est à cylindre horizontal sans condensation ni détente, avec régulateur à boules ordinaires. Le foyer et la chaudière ne présentent rien de spécial. Cette machine est à recommander, et pour elle le jury donne à M. Durenne une médaille d'or.

Nous arrivons aux machines à battre.

Un grand résultat serait obtenu, si toutes les branches de la mécanique agricole étaient arrivées au degré de perfection, dirons-nous, où sont parvenues les machines de cette catégorie. Il y a peu d'années, nous étions encore à la période des essais, et aujourd'hui la question du battage mécanique peut être considérée comme résolue. Les avantages d'opportunité, de rapidité, de préservation qu'il présente sont généralement appréciés ; les types correspondant à chaque besoin, à chaque localité, se fixent, et l'industrie offre ses services au cultivateur qui ne peut se procurer un appareil.

L'exemple, messieurs, est frappant pour la Sarthe ; nous n'en voulons pour preuve que le nombre des appareils figurant au concours, et si le département n'a point encore admis sur une échelle suffisante les instruments autres que ceux à main, l'emploi qu'il fait des batteuses nous donne la certitude qu'il accueillera désormais ces auxiliaires indispensables de la bonne culture, et peut-être même, dans un avenir qui n'est pas éloigné, de toute culture.

La 7e section, machines à battre fixes rendant le grain nettoyé et prêt à être conduit au marché, n'est pas représentée de même que *la 9e, machines à battre fixes rendant le grain vanné.* Cette absence s'explique. La variété de travail imposée à ces appareils implique un mécanisme compliqué et une lourde dépense. L'agriculteur qui ne veut point repéter celle-ci pour chacune de ses fermes, préfèrera évidemment l'avantage de pouvoir déplacer, transporter et mettre en œuvre dans chacune de ses exploitations, ces importantes et coûteuses machines, dont la multiplicité serait pour lui une charge trop onéreuse.

8o *Machines à battre mobiles, rendant le grain tout nettoyé et prêt a être conduit au marché.*

Deux numéros seulement appartiennent à MM. Gérard et Besnard. Nous n'entrerons point dans la description des appareils de M. Gérard qui a su les amener à une notoriété bien établie. Destinées à marcher à l'aide de la vapeur, et à fournir un grand travail, elles battent, en rendant la paille droite; le blé, repris par un élévateur, tombe dans les sacs après avoir subi un nettoyage énergique. L'inventeur, par des perfectionnements récents, dirigés surtout au point de vue de la stabilité, la bonne liaison et la conservation des différents organes, les a amenés tout près de la perfection. Le jury donne à M. Gérard une médaille d'or et une d'argent à M. Besnard.

Hors région, nous trouvons MM. Gautreau et Thouvenin. L'appareil du premier présente quelques particularités intéressantes, le batteur est disposé de façon à ce que chaque branche présente une arête arrondie et une autre vive, ce qui permet en le retournant bout pour bout de varier le battage suivant la graine à laquelle il doit s'appliquer. Par l'emploi de pointes en acier fondu tournant dans des boites bien ajustées, le frottement est sensiblement atténué, ce qui a permis à l'inventeur de marcher avec un seul cheval. M. Gautreau recevra la médaille d'or, et celle d'argent sera attribuée à M. Thouvenin, dont la machine bien construite, ayant ses organes bien à la portée de celui qui la dirige, peut être immédiatement arrêtée et donner un battage convenable et des résultats satisfaisants.

10° *Machines à battre rendant le grain vanné.*

Six machines dans la région sont présentées par MM. Del et Brouhot, Cumming et Gérard. Elles fonctionnent bien. La médaille d'or de M. Cumming est rappelée, et MM. Del et Brouhot ayant apporté au batteur des perfectionnements, et par l'avance du contre-batteur facilité l'entrée de la paille. qui a lieu presque par aspiration, le jury leur accorde la médaille d'or.

Hors région, il donne une médaille d'argent à M. Benoist, d'Etampes, dont la machine marche convenablement ; elle a été rendue apte à égrener le trèfle.

11° *Machines à battre fixes, ne vannant ni ne criblant.*

Ces machines, types de celles qui conviennent aux petites exploitations et auxquelles on ne saurait demander un travail plus compliqué, sans leur retirer leur caractère et faire monter immédiatement les frais d'établissement, sont les plus nombreuses, ce qui montre qu'elles correspondent aux besoins locaux ; aussi les constructeurs du pays se livrent-ils exclusivement à leur fabrication.

Vingt-deux machines, généralement bien disposées et offrant des perfectionnements, ont été exposées. Aussi l'embarras du jury, qui n'avait à sa disposition qu'une médaille d'argent et une de bronze, a-t-il été grand. Il a soigneusement examiné, a comparé les rendements, le temps employé, l'aspect du grain, l'état des pailles et a été amené à accorder la médaille d'argent à M. Gerbouin, et celle de bronze à M. Brethon.

Les appareils de MM. Tertrais et Carlier sont d'un bon marché remarquable, le jury leur rappelle la médaille d'argent.

Une mention honorable est attribuée à M. Saudubray, de Neuvillalais, qui, avec des moyens fort restreints et des connaissances spéciales peu avancées, est arrivé à établir un appareil estimable.

Celui de M. Guéranger a attiré l'attention du jury, il est bien établi, fonctionne bien, donne un bon travail, seulement l'inventeur a poussé la solidité à l'excès, et par un luxe de force donné aux pièces, a trop élevé le prix.

Hors région, le jury donne une médaille d'argent à M. Bodin, pour une bonne machine bien conditionnée et solidement installée.

12° *Machines à battre mobiles, ne vannant ni ne criblant.*

Nous n'avons que deux machines dans cette catégorie, en considérant comme mobile la petite machine n° 248, de M. Mitsche, que ses faibles dimensions permettent de déplacer facilement. Elle est entièrement en fonte et appréciée dans le pays. Le jury alloue à M. Mitsche une médaille d'argent et une de bronze à M. Charlot, constructeur au Mans.

Nous aurons à revenir sur le système de battage à vapeur de M. Renaud.

Viennent mantenant *les égreneuses de trèfle,* qui se rattachent immédiatement aux machines que nous venons de passer en revue, puisque par de légers changements de disposition, on passe du battage des céréales à celui du trèfle.

Six appareils ont été examinés.

Le jury a particulièrement remarqué celui de M. Chenel, de Nantes, qui se distingue complètement de ses concurrents, qui ne sont, à proprement parler, que des batteuses appropriées. Il se compose d'un cylindre tournant autour d'un axe horizontal, à la surface duquel sont disposées des ailettes en fer mobiles, autour de charnières disposées suivant les génératrices; le mouvement force celles-ci à se maintenir ouvertes, elles rencontrent alors le trèfle en bourre qui arrive par une trémie, et, séparant la graine par un mouvement énergique, la portent à sortir par les trous dont est criblée une seconde enveloppe cylindrique dans laquelle se meut le batteur. Des corps étrangers, des pierres assez grosses que l'inventeur a jetées avec intention dans l'intérieur n'occasionnent aucun dérangement.

Cet instrument, très-pratique et d'une grande simplicité, a été récompensé d'une médaille d'or; M. Chenel a soumis à l'examen du jury une autre égreneuse, établie sur le même principe, mais qui rend la graine nettoyée. Bien que remplissant convenablement son effet, elle exige un complément d'organes et un déploiement de forces qui ne paraît point en rapport avec le travail à produire.

M. Cumming a reçu une médaille d'argent pour un égreneur dont il est l'inventeur.

Les pompes à purin de M. Mandin, de Tours, quoique bien établies, exécutées avec soin, donnant un débit convenable, sont construites avec trop de luxe pour l'usage auquel elles sont destinées.

Le jury cependant, en présence des efforts faits par le constructeur, rappelle la médaille d'argent précédemment obtenue.

Quant à la pompe de M. Hervé, entièrement en bois, pouvant aspirer les eaux les plus impures et les plus chargées, elle est, sauf l'exécution qui laisse à désirer, établie d'après les principes qui doivent diriger dans l'exécution de semblables instruments. Elle mérite une médaille de bronze.

Tels sont les objets prévus au programme et soumis à l'examen de la section ; quant à ceux qui, rentrant dans ses attributions, n'y ont point de place déterminée, les machines à élever l'eau pour irrigation, elles ne sont qu'au nombre de trois. Une noria de M. Benoist, une pompe pour irrigation de M. Hervé, et un appareil dit trombe perfectionnée, à M. Bérard, avocat au Mans.

La noria a reçu de M. Saint-Romas, à Montauban, un perfectionnement assez remarquable. Dans la noria ordinaire, les godets, en arrivant à l'eau, ont besoin, pour y penétrer, d'une certaine force tout à fait perdue pour l'effet utile. Dans celle qui nous occupe, un tube en syphon, disposé sur la paroi de chaque godet, permet à l'air de s'échapper librement, et l'entrée dans l'eau a lieu sans effort. Des expériences faites par les soins de la Société du matériel agricole de la Sarthe, permettent de lui assigner un effet utile de 76 0/0 pour une hauteur de cinq mètres, qui pourrait aller à 80 0/0 pour dix mètres.

Le jury attribue à M. Benoist une médaille d'argent.

La machine de M. Hervé se compose d'un double corps de pompe dont la partie inférieure plonge dans un réservoir alimentaire, les pistons étant mus par un balancier à la manière de ceux des pompes à incendie. Elle a donné lieu à des expériences favorables, qui ont constaté un produit réel pour chaque oscillation du balancier de 65 à 70 litres à 0^m 60 environ d'élévation.

M. Hervé a obtenu, pour cet instrument, des récompenses dont le jury lui accorde le rappel.

Le jury approuve les principes physiques sur lesquels reposent les trombes de M. Bérard ; mais il regrette que l'installation défectueuse de ces appareils ne permette pas d'en apprécier suffisamment l'effet.

Nous avons renvoyé à cette partie du rapport le système de battage à vapeur de M. Renaud, qui se compose d'une batteuse reliée à une locomobile avec laquelle elle fait corps ; elle est destinée à se transporter dans les fermes pour entreprendre des battages.

Son but utile, plutôt que ses dispositions qui laissent à désirer, surtout au point de vue de la locomobile, lui fait attribuer une médaille d'argent.

Les moulins Brisson, à meules oscillantes, sont de bons appareils qui ont pour eux la sanction de l'expérience. Le jury leur rappelle les récompenses antérieurement obtenues.

Nous arrivons maintenant à l'un des objets les plus importants du concours, le teillage mécanique du chanvre.

La culture du chanvre occupe, dans la Sarthe, environ 12,000 hectares chaque année et donne 10,000,000 de kilog. de filasse, dont la vente s'élève à près de 8,000,000 de fr. On évalue à 20,000 le nombre des ouvriers et ouvrières occupés à lui faire subir les différents traitements dont il est susceptible. La valeur ainsi créée correspond au minimum à 25,000,000 fr.

Il n'est donc point étonnant, en présence des intérêts que soulève la main-d'œuvre du chanvre, que toutes les questions qui s'y rattachent aient depuis longtemps préoccupé les esprits. La Société du matériel a fait du broyage l'objet de ses études et elle a aidé de ses conseils et dirigé les inventeurs dans leurs recherches.

Les appareils présentés pour remplacer la main de l'homme sont pour la majeure partie des batteuses que, par des dispositions spéciales, on rend aptes à l'écrasage des chènevottes. C'est ce que font MM. Tertrais et Carlier, et M. Delporte. Un progrès est ainsi déjà réalisé sur le broyage à main, mais des inconvénients se présentent. La poignée de chanvre ne passant pas entièrement, l'ouvrier ne la lâche que successivement, ne fait passer qu'une longueur déterminée et la retire à chaque fois ; il en résulte une espèce de lutte entre l'homme et la machine qui n'est pas sans danger, mais cet inconvient est encore dépassé par celui résultant du déchet produit.

Ce sont ces imperfections que M. Leveau, mécanicien au Mans, s'est appliqué à combattre, et son appareil constitue la partie saillante du concours, non pas seulement à cause des dispositions ingénieuses adoptées et qui indiquent de la part de l'inventeur des aptitudes remarquables, mais surtout parce qu'il répond, comme nous venons de le voir, à un besoin impérieux et qu'il est appelé à rendre de grands services, particulièrement dans le département de la Sarthe.

Avant d'apprécier cet instrument, nous allons en décrire les principales dispositions.

Le mouvement d'un manége simple, de l'invention de M. Leveau, est transmis sans augmentation de vitesse par une chaine à la Vaucanson, à deux cylindres cannelés placés en avant des broyeurs et qui, en servant à régler l'entrée du chanvre, commencent déjà le broyage de la chènevotte. Sur l'arbre de celui de dessous est adapté un pignon qui commande, par l'intermédiaire d'un second, le cylindre supérieur broyeur de manière à le faire marcher dans le même sens. Le cylindre supérieur tourne par l'entremise de deux roues dentées d'égal diamètre, pouvant toutes les deux glisser sur leur axe, mais retenues par deux mâchoires empêchant les déplacements latéraux. Au mouvement de rotation s'en ajoute un transversal ; le dernier est transmis à un arbre traversant toute la machine et à l'extrémité duquel est pris le mouvement de translation au moyen d'un petit plateau à manivelle et d'une bielle. Celle-ci agit par une sorte de joint universel sur un demi cercle rigide dont les extrémités sont fixées à une chape recevant les coussinets des axes des cylindres principaux.

La vitesse de translation est environ trente fois celle de rotation; les cylindres en fer sont formés d'un noyau central portant trois plateaux dont un au milieu, les autres aux deux bouts et sur lesquels sont montées trente-deux lames en fer découpé, lesquelles peuvent, par l'enlèvement de boulons, se remplacer isolément. Chacune de ces lames portant vingt-sept dents, peut, par suite de la disposition, osciller transversalement dans l'intervalle formé par les vides correspondants de l'autre cylindre.

Bien que la supériorité parut nettement établie, le jury a voulu, vu l'importance du sujet, faire avec les concurrents des essais comparatifs. Chacun des exposants, MM. Leveau, Delporte, Tertrais et Carlier, fut appelé à fournir du chanvre apporté par lui, lequel fut successivement soumis à chacune des machines. Non-seulement la durée de l'opération fut toujours moindre avec la machine Leveau ; mais son rendement en filasse qui atteignait 24 0/0, ne dépassa pas 21 0/0 pour les autres, et encore 2 appareils Tertrais et Carlier fonctionnaient ensemble.

Il est vrai que le nettoyage est un peu moins complet puisqu'il reste plus de chènevottes, mais au point de vue de la sécurité, du rendement sans déchets, du temps employé, de la qualité du brin, l'avantage est d'une manière bien tranchée du côté de M. Leveau.

En présence de ces faits et par suite des considérations ci-dessus développées, le jury appréciant l'importance de la découverte, la juge digne d'une récompense spéciale et propose pour M. Leveau une médaille d'or grand module.

Que cette récompense hors ligne soit pour vous, M. Leveau, un stimulant à faire disparaître les légères imperfections signalées. C'est la première fois que vous vous présentez dans un concours régional, et vous débutez par un coup de maître. Vous avez le droit d'être fier de votre œuvre. La ville du Mans, le département, applaudiront à votre triomphe et vous prendrez place parmi les utiles citoyens qui tiennent de leur travail leur renommée et leur fortune.

Signé : MARÉCHAL.

Le Mans, 7 mai 1865.

LISTE DES LAURÉATS

DU CONCOURS RÉGIONAL

Animaux reproducteurs

ESPÈCE BOVINE.

1re CATÉGORIE. — RACE VENDÉENNE.

Mâles (1re Section.) (1)

1. prix (2), 600 fr. — n. 9. — Parthenais, à M. Besnier, à Châtellerault (Vienne).

2. prix, 500 fr., — n. 8. — Parthenais, à M. Mathieu, à Saint-Loup (Cher).

3. prix, 400 fr., — n. 3. — Parthenais, à M. Branthôme aîné, à Poitiers.

Médaille d'argent à M. Pibaut, à Loye (Cher), éleveur du n. 8.

Mâles (2e Section.)

1. prix, 600 fr., — n. 14. — Parthenais, à M. Mathieu, précité.

(1) Pour les mâles, la 1re section comprend les animaux de un à 2 ans, et la 2e les animaux plus âgés; pour les femelles, la 1re section se compose des génisses de un à deux ans, la 2e des génisses de deux à 3 ans, et la troisième des vaches de plus de trois ans.

(2) Les 1er prix sont toujours accompagnés d'une médaille d'or, les 2e prix d'une médaille d'argent, et les 3e, 4 et 5 d'une médaille de bronze.

2. prix, 500 fr., — n. 13. — Parthenais, à M. de la Massardière à Autran, (Vienne).

3. prix, 400 fr. — n. 10. — Parthenais, à M. Dalvarès, à Mayré (Vienne.)

Médaille d'or à M. Pichon, à Verneuil (Indre), éleveur du n. 14.

Femelles (1re section.)

1. prix, 300 fr. — n. 18. — Parthenaise, à M. Branthôme, précité.

2. prix, 200 fr. — n. 19. — Parthenaise, à M. Mathieu, précité.

3. prix, 100 fr. — n. 21. — Parthenaise, à M. Babinet, à Lusignan (Vienne).

Femelles (2e section.)

1. prix, 400 fr. — n. 25. — Parthenaise, à M. Babinet, précité.

2. prix, 300 fr. — n. 24. — Parthenaise, à M. Branthôme, précité.

3. prix, 200 fr. — n. 26. — Vendéenne, à M. Maitais. à Vivonne (Vienne).

Médaille d'argent à M. Benoist, de Sanxais, éleveur du n. 24.

Femelles (3e section.)

1. prix, 400 fr. — n. 30. — Parthenaise, à M. Branthôme, précité.

2. prix, 300 fr. — n. 29. — Parthenaise, à M. de la Massardière, précité.

3. prix, 200 fr. — n. 32. — Parthenaise, à M. de Larclause, à Céaux (Vienne).

Médaille d'or à M. Couturier, à Varruys, éleveur du n. 30.

Médaille d'argent à M. Noel, à Parthenay, éleveur du n. 29.

2e CATÉGORIE. — RACE CHAROLLAISE PURE.

Mâles (1re section.)

1. prix, 600 fr. — n. 50. — M. Signoret, à Sermoise (Vienne).
2. prix, 500 fr. — n. 35. — M. Benoist d'Azy, à Azy (Nièvre).
3. prix, 400 fr. — n. 52. — M. Doury, à Saincaise (Nièvre).
1. ment. hon. — n. 41. — Le même.
2. ment. hon. — n. 45. — M. Benoist d'Azy, précité.
3. ment. hon. — n. 52. — M. le comte de Bouillé, à Villars (Nièvre).

Mâles (2e section.)

1. prix, 600 fr. — n. 55. — M. le comte de Bouillé, préc.

2. prix, 500 fr. — n. 64. — M. Dindeau aîné, à Cours-les-Barres (Cher).

3. prix, 400 fr. — n. 61. — M. le comte de Pazzi, à Ougny (Nièvre).

1. ment. hon. — n. 58. — M. Bellard Jacques, à Parigny-les-Vaux (Nièvre).

2. ment. hon. — n. 59. — M. Doury, précité.
3. ment. hon. — n. 57. — M. Boignes, à Decise (Nièvre).

Femelles (1re section.)

1. prix, 300 fr. — n. 79. — à M. le comte de Bouillé, précité.
2. prix, 200 fr. — n. 71. — M. le comte de Dreux, à Toury-Lurcy (Nièvre).
3. prix, 100 fr. — n. 65. — M. le comte de Certaines, à Anthien (Nièvre).
1. ment. hon. — n. 78. — M. Massé, à la Guierche (Cher).
2. ment. hon. — n. 75. — M. le comte de Certaines, précité.
3. ment. hon. — n. 82. — M. Tiersonnier, à Gimouille (Nièvre).
4. ment. hon. — n. 77. — M. Suif, à Gimouille (Nièvre).

Femelles (2e section.)

1. prix, 400 fr. — n. 87. — M. Doury, précité.
2. prix, 300 fr. — n. 89. — M. Suif, précité.
3. prix, 200 fr. — n. 92. — M. le comte de Pazzi, précité.
1. ment. hon. — n. 90. — M. Bellard Jacques, précité.
2. ment. hon. — n. 85. — M. Massé, précité.
3. ment. hon. — n. 88. — M. le comte Benoist d'Azy, précité.

Femelles (3e section.)

1. prix, 400 fr. — n. 94. — M. Doury, précité.
2. prix, 300 fr. — n. 96. — M. Suif, précité.
3. prix, 200 fr. — n. 104. — M. Massé, précité.
1. ment. hon. — n. 98. — M. le comte de Bouillé, précité.
2. ment. hon. — n. 97. — M. Boignes, précité.
3. ment. hon. — n. 95. — M. le comte Benoist d'Azy, précité.

3e CATÉGORIE. — RACES FRANÇAISES DIVERSES, PURES.

Mâles (1re section.)

1. prix, 500 fr. — n. 119. — Cotentin, à M. Bary aîné, à la Ferté-Bernard (Sarthe).
3. prix, 300 fr. — n. 121. Morvandeau, à M. Lacharme, à Sermage (Nièvre).
4. prix, 200 fr. — n. 118. Breton, à M. Malingié, directeur de la ferme-école de la Charmoise (Loir-et-Cher.)

Mâles (2e section.)

2. prix, 400 fr. — n. 131. — Cotentin, à M. Bary aîné, précité.
3. prix, 300 fr. — n. 130. — Morvandeau, à M. Lacharme, précité.
4. prix, 200 fr. — n. 131 bis. — Limousin, à M. Branthôme. précité.

Femelles (1re section.)

2. prix, 250 fr. — n. 136. — Cotentine, à M. Bary aîné, précité.

3. prix, 200 fr. — n. 138. — Morvandelle, à M. Lacharme, precité.

4. prix, 100 fr. — n. 139. — Bretonne, à M. Malingié, précité.

Femelles (2e section.)

1. prix, 400 fr. — n. 149. — Cotentine, à M. Laigle des Masures, à Saint-Pierre-des-Ormes (Sarthe).

2. prix, 300 fr. — n. 142. — Cotentine, à M. Déloges, à Dolus (Indre-et-Loire).

3. prix, 200 fr. — n. 147. — Salers, à M. Benoist d'Azy, précité.

4. prix, 100 fr. — n. 159. — Mancelle, à M. Vérel, au Mans.

Femelles (3e section.)

1. prix, 400 fr. — n. 173. — Mancelle, à M. Courtillier, à Précigné (Sarthe).

2. prix, 300 — n. 177. — Cotentine, à M. Lallouet, à Montigny (Sarthe).

3. prix, 200 fr. — n. 163. — Cotentine, à M. Deloges, précite.

4. prix, 150 fr. — n. 171. — Cotentine, à M. Bary aîné, précité

4e CATÉGORIE. — RACE DURHAM PURE.

Mâles (1re section.)

1. prix, 600 fr. — n. 181. — M. Poulain, à Pontlevoy (Loir-et-Cher).

2. prix, 500 fr. — n. 182. — M. Salvat, à Saint-Claude (Loir-et-Cher).

3. prix, 400 fr. — n. 187. — M. Lebreton, à Étival (Sarthe).

4. prix, 300 fr. — n. 185. — M. Delaâge, à Pontvallain (Sarthe).

Ment. hon. — n. 184. M. Tiersonnier, précité.

Médaille d'or à M. Salvat, précité, éleveur du n. 181.

Mâles (2e section).

1. prix, 600 fr. — n. 188. — M. Riverain-Collin, à Vendôme (Loir-et-Cher).

2. prix, 500 fr. — n. 191. — M. Tachard, à la Guerche (Cher).

3. prix, 400 fr. — n. 189. — M. Tiersonnier, précité.

1. ment. hon. — n. 193. — M. Des Cépeaux, à Dureil (Sarthe).

2. ment. hon. — n. 197. — Mlle de Rougé, à Précigné (Sarthe).

Médaille d'or à M. Salvat, précité, éleveur du n. 188.

Femelles (1re section).

1. prix, 300 fr. — n. 206. — M. Tiersonnier, précité.
2. prix, 200 fr. — n. 203. — M. Salvat, précité.
1. ment. hon. — n. 205. — M. Tachard, précité.
2. ment. hon. — n. 202. — M. Delaâge, précité.

Femelles (2e section).

1. prix, 400 fr. — n. 212. — M. Salvat. précité.
2. prix, 300 fr. — n. 209. — M. Delaâge, précité.
1. ment. hon. — n. 211. — M. Tachard, précité.
2. ment. hon. — n. 207. — M. Salvat, précité.
3. ment. hon. — n. 210. — M. Des Cépeaux, précité.

Femelles (3e section).

1. prix, 400 fr. — n. 213. — M. Tachard, précité.
2. prix, 300 fr. — n. 218. — M. Salvat, précité.
3. prix, 200 fr. — n. 214. — M. Signoret, précité.
4. prix, 100 fr. — n. 215. — M. Tiersonnier, précité
1. ment. hon. — n. 216. — M. Delaâge, précité.
2. ment. hon. — n. 217. — M. Salvat, précité.
3. ment. hon. — n. 219, — M. Delaâge, précité.

5e CATÉGORIE. — RACES ÉTRANGÈRES, PURES.

Mâles (1re section).

2. prix, 400 fr. — n. 220. — Hollandais, à M. Noblet, à Châteaurenard (Loiret).

Mâles (2e section).

1. prix, 500 fr. — n. 223. — Hollandais, à M. Laburthe à Candé (Loir-et-Cher).
2. prix, 400 fr. — n. 222. — Hollandais, à M. Noblet, préc.
3. prix, 300 fr. — n. 221. — Ayrshire, à M. le comte de Roujon, à la Motte-Beuvron (Loir-et-Cher).

Médaille d'or à M. Leroux, éleveur du n. 223.

Femelles (1re section).

2. prix, 200 fr. — n. 225. — Hollandaise, à M. Noblet, préc.

Femelles (2e section).

Pas de prix.

Femelles (3e section).

2. prix, 300 fr. — n. 229. — Hollandaise, à M. Noblet, préc.

Médaille d'argent à M. Duchêne, éleveur du n. 229.

6e CATÉGORIE. — CROISEMENTS DURHAM.

Mâles (1re section).

1. prix, 400 fr. — n. 236. — Durham-manceau, à M. le vicomte de Charnacé, à Hauvers-le-Hamon (Sarthe).

2. prix, 300 fr. — n. 237. — Charollais-durham, à M. le comte Benoist d'Azy, précité.

1. ment. hon. — n. 238. — Durham-manceau, à M. Lebreton, précité.

2. ment. hon. — n. 233. — Durham-charollais, à M. Signoret, précité.

3. ment. hon. — n. 232. — Durham-charollais. Le même.

Mâles (2e section).

1. prix, 400 fr. — n. 243. — Durham-manceau, à M. le vicomte de Charnacé, précité.

2. prix, 300 fr. — n. 244. — Durham-normand, à M. le comte de Gallwey, à Dangeul (Sarthe).

3. prix, 200 fr. — n. 241. — Durham-manceau, à M. Courtillier, précité.

1. ment. hon. — n. 240. — Durham-manceau, à M. le vicomte de Charnacé, précité.

2. ment. hon. — n. 239. — M. Michel, à Fertrève (Nièvre).

Médaille d'argent à M. le baron Leguay, à Cerceaux (Orne), éleveur du n. 244.

Femelles (1re section).

1. prix, 300 fr. — n. 258. — Durham croisée, à M. Menet, à Nevers (Nièvre).

2. prix, 200 fr. — n. 265. — Durham-mancelle, à M. le vicomte de Charnacé, précité.

1. ment. hon. — n. 266.— Durham-mancelle, à M. Delaâge, précité.

2. ment. hon. — n. 263. — Durham-cotentine, à M. Riverain, précité.

Médaille d'or à M. Pinet de Maupas, éleveur du n. 258.

Femelles (2e section).

1. prix, 400 fr. — n. 272. — Durham-mancelle, à M. Delaâge, précité.

3. prix, 200 fr. — n. 271. — Durham-mancelle, à M. le vicomte de Charnacé, précité.

Femelles (3e section).

1. prix, 400 fr. — n. 277.— Durham-charollaise, à M. Tiersonnier, précité.

2. prix, 300 fr. — n. 283. — Durham-charollaise, à M. le comte de Certaines, précité.

3. prix, 200 fr. — n. 281. — Durham-mancelle, à M. le vicomte de Charnacé, précité.

4. prix, 100 fr. — n. 279. — Durham-mancelle, à M. Courtillier, précité.

1. ment. hon. — n. 288. — Durham-cotentine, à M. Abot, à Lucé-sous-Ballon (Sarthe).

2. ment. hon. — n. 280 — Durham-mancelle, à M. le vicomte de Charnacé, précité.

7e CATÉGORIE. — CROISEMENTS DIVERS.

Mâles (1re section).

2. prix, 200 fr. — n. 294. — Cotentin-manceau, à M. Guitton, à Montbizot (Sarthe).

Mâles (2e section.)

2. prix, 200 fr. — n. 295. — Cotentin-manceau, à M. Ménard (Basile), à Congé-sur-Orne (Sarthe).

Médaille d'argent à M. Menou (Sarthe), éleveur du n. 295.

Femelles (1re section).

1. prix, 200 fr. — n. 301. — Cotentine-flamande, M. Riverain, précité.

Femelles (2e section.)

1. prix, 300 fr. — n. 305. — Croisée, à M. Richer-Lévêque, à Fyé (Sarthe).

2. prix, 200 fr. — n. 304. — Charollaise bretonne, à M. le comte de Pazzi, précité.

Femelles (3e section.)

1. prix, 300 fr. — n. 314. — Croisée, à M. Richer-Lévêque, précité.

2. prix, 200 fr. — n. 313. — Mancelle-cotentine, à M. Abot, précité.

Mention hon. — n. 312. — Croisée, M. Richer-Lévêque, précité.

ESPÈCE OVINE.

1re CATÉGORIE. — RACES MERINOS ET MÉTIS-MÉRINOS.

Mâles.

1. prix, 300 fr. — n. 326. — M. Noblet, précite.
2. prix, 200 fr. — n. 317. — M. Darblay, à Chevilly (Loiret).
3. prix, 150 fr. — n. 324. — M. Roulx, à Château-Renard (Loiret).

Mention hon. — n. 321. — M. Noblet, précité.

Femelles (lots de 5 brebis.)

1. prix, 300 fr. — n. 332. — M. Noblet, précité.
2. prix, 200 fr. — n. 329. — M. Darblay, précité.
3. prix, 150 fr. — n. 333. — M. Rabier, à Audeville (Loiret).

Mention très-hon. — n. 321 et 331. — M. Noblet, précité.

2e CATÉGORIE. — RACE BERRICHONNE.

Mâles.

1. prix, 200 fr. — n. 338. — M. de Saint-Maurice, à Châteauneuf-sur-Cher (Cher).

2. prix, 150 fr. — n. 344. — M. le comte de Roujon, à la Motte-Beuvron (Loir-et-Cher).

3. prix, 100 fr. — n. 342. — M. Mathieu, à Saint-Loup, (Cher).

Femelles (lots de 5 brebis.)

1. prix, 200 fr. — n. 346. — M. de Saint-Maurice, précité.

3e CATÉGORIE. — RACE DE LA CHARMOISE.

Mâles.

1. prix, 300 fr. — n. 354. — M. Malingié, précité.

2. prix, 250 fr. — n. 360. — M. de Chabaud la Tour, à Thauvenay (Cher).

3. prix, 200 fr. — n. 361. — M. Poulain, précité.

Rappel de 1er prix. — n. 366. — M. Malingié, précité.

Femelles (lots de 5 brebis.)

1. prix, 300 fr. — n. 370. — M. de Chabaud la Tour, précité.

2. prix, 250 fr. — n. 367. — M. Malingié, précité.

Mention hon. — n. 369. — M. Poulain, précité.

4e CATÉGORIE. — RACE SOUTHDOWN.

Mâles.

1. prix, 400 fr. — n. 379. — M. le comte de Bouillé, à Villars (Nièvre), précité.

2. prix, 300 fr. — n. 377. — M. de Saint-Maurice, précité.

3. prix, 200 fr. — n. 375. — M. de Behague, à Dampierre (Loiret).

4. prix, 100 fr. — n. 401. — Riverain, à Vendôme (Loir-et-Cher).

Mention très-honorable. — n. 378. — M. le comte de Bouillé, à Villars (Nièvre), précité.

Femelles (lots de 5 brebis).

1. prix, 400 fr. — n. 416. — M. le comte de Bouillé, prec.

2. prix, 300 fr. — n. 421. — M. Riverain, précité.

3. prix, 200 fr. — n. 415. — M. de Béhague, précité.

5e CATÉGORIE. — RACES ÉTRANGÈRES DIVERSES.

Mâles.

2. prix, 200 fr. — n. 426. — Dishley, à M. Tiersonnier, à Grimouille, (Nièvre), précité.

3. prix, 150 fr. — n. 427. — Dishley, à M. de Larclause, à Céaux (Vienne), précité.

Femelles (lots de 5 brebis).

1. prix, 300 fr. — n. 430. — Dishley, à M. Tiersonnier, précité.

2. prix, 200 fr. — n. 429. — Dishley, à M. Signoret, précité.

6e CATÉGORIE. — RACES FRANÇAISES DIVERSES PURES.

Mâles.

1. prix, 300 fr. — n. 439. — Solognot, à M. Lefebvre-Laforge, à Saint-Florent (Loiret).
2. prix, 200 fr. — n. 435. — Poitevin, à M. Cornet, à Asnois (Vienne).

Femelles (lots de 5 brebis).

1. prix, 300 fr. — n. 444. — Solognotes, à M. Lefebvre-Laforge, précite.
2. prix, 200 fr. — n. 441. — Poitevines, à M. Cornet, préc.

7e CATÉGORIE. — CROISEMENTS DIVERS.

Mâles.

1. prix, 300 fr. — n. 468. — Southdown-berrichon, à M. Mathieu, précité.
2. prix, 200 fr. — n. 463. — Charmoise-berrichon, à M. de Chabaud La Tour, précité.
3. prix, 150 fr. — n. 458. — Charmoise berrichon, à M. de Saint-Maurice, précité.
4. prix, 100 fr. — n. 464. — Dishley-poitevin, à M. Métais à Vivonne (Vienne).

Femelles (lots de 5 brebis.)

1. prix, 300 fr. — n. 484. — Charmoises-berrichonnes, à M. de Chabaud La Tour, précité.
2. prix, 200 fr. — n. 480. — Southdown-berrichonnes, à M. Riverain, précité.
3. prix, 150 fr. — n. 479. — Charmoises-berrichonnes, à M. Poulain, précité.
4. prix, 100 fr. — n. 477. — Oxford-southdown-berrichonnes, à M. le vicomte Benoist d'Azy, précité.

Mention honorable. — n. 475. — M. de Larclause, précité.

ESPÈCE PORCINE.

1re CATÉGORIE. — RACES INDIGÈNES PURES OU CROISÉES ENTRE ELLES.

Mâles.

1. prix, 250 fr. — n. 483. — Craonnais, à M. Courtillier, à Précigné (Sarthe).
2. prix, 200 fr. — n. 486. — Craonnais, à M. de Bodard, à Pontlevoy (Loir-et-Cher).
3. prix, 100 fr. — n. 485. — Normand, à M. Buchot, à Ste-James-sur-Sarthe (Sarthe).

Femelles pleines ou suitées.

1. prix, 200 fr. — n. 491. — Normande, à M. Buchot, précité.

2. prix, 150 fr. — n. 492. — Craonnaise, à M. Lasne, à Thorigné (Sarthe).

•3. prix, 100 fr. — n. 489. — Craonnaise, à M. Riverain, précité.

4. prix, 75 fr. — n. 494. Craonnaise, à M. Lebreton, à Etival (Sarthe), précité.

2e CATÉGORIE. — RACES ÉTRANGÈRES PURES OU CROISÉES ENTRE ELLES.

Mâles.

1. prix, 250 fr. — n. 495. — Middlesex, à M. Lebreton, précité.

• 2. prix, 200 fr. — n. 502. — New-leicester, à M. Laigle des Masures, précité.

3. prix, 150 fr. — n. 503. — New-leicester, à M. Verel, au Mans (Sarthe), précité.

4. prix, 100 fr. — n. 499. — Suffolk, à M. Noblet, à Château-Renard (Loiret), précité.

5. prix, 80 fr. — n. 497. — Manchester, à M. de Larclause (Vienne), précité.

Femelles pleines ou suitées.

1. prix, 200 fr. — n. 512. — New-leicester, à M. Vérel, précité.

2. prix, 150 fr. — n. 510. — New-leicester, à M. Laigle des Masures, précité.

3. prix, 100 fr. — n. 514. — New leicester, à M. Lebreton, précité.

4. prix, 80 fr. — n. 505. — New-leicester, à M. Roulx, à Châteaurenard (Loiret).

5. prix, 70 fr. — n. 507. — New-leicester, à M. Riverain, précité.

3e CATÉGORIE. — CROISEMENTS ENTRE RACES FRANÇAISES ET ÉTRANGÈRES.

Mâles.

1. prix, 150 fr. — n. 521. — Anglo-craonnais, à M. Riverain, précite.

2. prix, 100 fr. — n. 519. — Middlesex-berkshire-berrichon, à M. Poisson, à Morlac (Cher).

Femelles pleines ou suitées.

1. prix, 150 fr. — n. 523. — Craonnaise-hampshire, à M. Pellier, à Yvré-le-Pôlin (Sarthe).

2. prix, 100 fr. — n. 522. — Middlesex-berkshire-berrichonne, à M. Poisson, précité.

3. prix, 80 fr. — n. 526. — Anglo-craonnaise, à M. Riverain, précité.

ANIMAUX DE BASSE-COUR.

Mme Aillerot, à la Flèche (Sarthe). — Médaille de bronze. — n. 532. — Coq et poules de la Flèche.

Mme Déloges, à Dolus (Indre-et-Loire). — Médaille de bronze. — n. 543. — Coq et poules brahma.

M. Doumarès, au Mans (Sarthe). — Médaille de bronze. — n. 546. — Coq et poules padoue.

M. Hervé, au Mans (Sarthe). — Médaille de bronze. — n. 562. — Lapin mâle.

M. Laigle des Masures, à Saint-Pierre-des Ormes (Sarthe). — Médaille d'argent. — n. 565. — Coq et poules crèvecœur.

M. Lebreton, à Etival-lez-le-Mans (Sarthe). — Médaille de bronze. — n. 572. — Oies du midi.

M. Price, à Persac (Vienne). — Médaille de bronze. — n. 575. — Coq et poules dorking.

M. Simier, à la Suze (Sarthe). — Médaille d'argent. — n. 577. — Coq et poules de la Flèche.

Id. Médaille d'argent. — n. 593. — Coq et poules de Houdan.

Id. Médaille de bronze. — n. 584. — Coq et poules crèvecœur.

Id. Médaille de bronze. — n. 596. — Coq et poules à courtes pattes.

Id. Médaille de bronze. — n. 598. — Coq et poules cochinchinois, coucou.

Id. Médaille de bronze. — n. 600. — Canards de Rouen.

RÉCOMPENSES AUX SERVITEURS RURAUX.

Méd. d'arg. et 60 fr. au sieur Jouvet (François), employé chez M. Tiersonnier, qui a obtenu 4 premiers prix, 1 troisième prix et 1 quatrième prix.

— et 60 fr. au sieur Jolivet (Vincent), employé chez M. Mathieu, qui a obtenu 2 premiers prix, 2 seconds prix et 1 troisième prix.

— et 60 fr. au sieur Delay (Couronné), employé chez M. de Saint-Maurice, qui a obtenu 2 premiers prix, 1 second prix et 1 troisième prix.

— et 60 fr. au sieur Jouaut (Louis), employé chez M. le vicomte de Charnacé, qui a obtenu 2 premiers prix, 1 second prix et 2 troisièmes prix.

Méd. de br. et 50 fr. au sieur Martin (Paul), employé chez M. Signoret, qui a obtenu 1 premier prix, 2 seconds prix et 1 troisième prix.

Méd. de br. et 50 fr. au sieur Sautereau (Henri), employé chez M. Salvat, qui a obtenu 1 premier prix et 3 seconds prix.
— et 40 fr. au sieur Ravaux (Pierre), employé chez M. Courtillier, qui a obtenu 1 premier prix, 1 troisième prix et 1 quatrième prix.
— et 40 fr. au sieur Blanchet (Victor), employé chez M. Delaâge, qui a obtenu 1 premier prix, 1 second prix et 1 quatrième prix.
— et 40 fr. au sieur Marchand (Yves), employé chez M. de Chabaud-Latour, qui a obtenu 2 premiers prix et 2 seconds prix.
— et 40 fr. au sieur Renaud, employé chez M. Noblet, qui a obtenu 2 premiers prix, 5 seconds prix et 1 quatrième prix.

INSTRUMENTS ET MACHINES.

EXPOSANTS DE LA RÉGION.

Charrues.

(*M.*) (1) 1. prix, médaille d'or à M. Trousseau, à Saint-Antoine (Indre-et-Loire), pour la charrue n. 334.

(*M.*) 2. prix, médaille d'argent à M. Charlot, au Mans, pour la charrue exposée sous le n. 35.

3. prix, médaille de bronze à M. Hidien, à Châteauroux, pour la charrue n. 194.

Charrues sous-sol.

1. prix, médaille d'argent à M. Trousseau, déjà nommé, pour la charrue n. 338.

2. prix, médaille de bronze à M. Renault-Gouin, à Sainte-Maure (Indre-et-Loire), pour la charrue n. 308.

Herses.

Rappel de médaille d'argent à M. Trousseau, déjà nommé, pour la herse n. 341.

1. prix, médaille d'argent à M. Hidien, à Châteauroux, pour la herse n. 202.

2. prix, médaille de bronze à M. Renault-Gouin, déjà nommé, pour la herse n. 306.

Rouleaux.

1. prix, médaille d'argent à M. Charlot, déjà nommé, pour le rouleau n. 37.

(1) Les instruments primés marqués (*M.*), se trouvent dans la collection du matériel agricole.

Scarificateurs.

1. prix, médaille d'argent à M. Trousseau, déjà nommé, pour le scarificateur n. 346.

2. prix, médaille de bronze à M. Gerbouin, à Sable (Sarthe), pour le scarificateur n. 178.

Semoirs.

1. prix, médaille d'argent à M. Trousseau, déjà nommé, pour le semoir n. 348.

Houes à cheval.

Rappel de médaille d'argent à M. Moreau, à Tours, pour la houe n. 353.

1. prix, médaille d'argent à M. Trousseau, déjà nommé, pour la houe n. 343.

2. prix, médaille de bronze à M. Hidien, déjà nommé, pour la houe n. 206.

Butteurs.

Rappel de médaille de bronze à M. Trousseau, déjà nommé, pour le butteur n. 349.

Prix unique, médaille de bronze à M. Charlot, déjà nommé, pour le butteur n. 39.

Faucheuses.

1. prix, médaille d'or à M. Duffaud, président de la Société du materiel agricole, au Mans, pour la machine n. 118.

Faneuses.

(*M.*) 1. prix, médaille d'or à M. Trousseau, déjà nommé, pour la machine n. 344.

Râteaux à cheval.

(*M.*) 1. prix, médaille d'argent à M. Trousseau, déjà nom., pour le râteau n. 352.

2. prix, médaille de bronze à M. Gerbouin, déjà nommé, pour le râteau n. 173.

Moissonneuses.

1. prix, médaille d'or à M. Duffaud, déjà nommé, pour la machine n. 122.

Véhicules pour transports ruraux.

1. prix, médaille d'or à M. Peltier, à Marigné (Sarthe), pour la voiture n. 274.

2. prix, médaille d'argent à M. Marchand, à Tours, pour les essieux n. 242.

Collection d'instruments à mains pour travaux extérieurs.

1. prix, médaille d'argent à M. Moreau, déjà nommé, pour les instruments à cultiver la vigne n. 251 et 252.

Pompes à purin.

2. prix, médaille de bronze à M. Hervé, au Mans, pour la pompe n. 189.

Malaxeurs.

1. prix, médaille d'argent à M. Brethon, à Tours, pour le malaxeur n. 14.

Machines à fabriquer les tuyaux de drainage.

1. prix, médaille d'or à M. Brethon, déjà nommé, pour la machine n. 15.

Collection d'instruments pour le drainage.

1. prix, médaille d'argent à M. Duffaud, déjà nommé, pour sa collection n. 144.

Manéges.

Rappel de medaille d'or à M. Gérard, à Vierzon (Cher), pour le manége n. 163.

Id., à M. Besnard, à Saint-Branches (Indre-et-Loire), pour le manége n. 4.

1. prix, médaille d'or à M. Paul Renaud, au Mans, pour le manége n. 283.

2. prix, médaille d'argent à M. Brethon, déjà nommé, pour le manége n. 12.

3. prix, médaille de bronze à M. Gerbouin, déjà nomme, pour le manége n. 167.

Machines à vapeur fixes.

1. prix, médaille d'or à M. Cumming, à Orléans, pour la machine n. 56.

Mention honorable à M. Fournier, au Mans, pour la machine n. 154.

Machines à vapeur mobiles.

Rappel de médaille d'or à MM. Del et Bouhot, à Vierzon (Cher), pour la machine n. 63.

1. prix, médaille d'or à M. Gérard, déjà nommé, pour la machine n. 160 et 161.

Rappel de médaille d'or à M. Cumming, déjà nommé, pour la machine n. 55.

Machines à battre mobiles, rendant le grain tout nettoyé.

1. prix, médaille d'or à M. Gérard, déjà nommé, pour la machine n. 162.

2. prix, médaille d'argent à M. Besnard, déjà nommé, pour la machine n. 5.

Machines à battre fixes, rendant le grain vanné.

2. prix, médaille d'argent à M. Cumming, déjà nommé, pour la machine n. 57.

Machines à battre mobiles, rendant le grain vanné.

Rappel de médaille d'or à M. Cumming, déjà nommé, pour la machine n. 58.

1. prix, médaille d'or à MM. Del et Bouhot, déjà nommé, pour la machine n. 66.

Machines à battre fixes, ne vannant ni ne criblant.

Rappel de médaille d'argent à MM. Tertrais et Carlier, à Châtellerault (Vienne), pour la machine n. 328.

1. prix, médaille d'argent à M. Gerbouin, déjà nommé, pour la machine n. 166.

2. prix, médaille de bronze à M. Brethon, déjà nommé, pour la machine n. 7.

Mention honorable à M. Saudubray, à Neuvillalais (Sarthe), pour la machine n. 324.

Machines à battre mobiles, ne vannant ni ne criblant.

(*M.*) 1. prix, médaille d'argent à M. Mitsche, au Mans, pour la machine n. 248.

(*M.*) 2. prix, médaille de bronze à M. Charlot, déjà nommé, pour la machine n. 129.

Tarares.

1. prix, médaille d'argent à M. Hidien, déjà nommé, pour le tarare n. 210.

2. prix, médaille de bronze à M. Renaud, déjà nommé, pour le tarare n. 296.

Cribles et trieurs.

1. prix, médaille d'argent à M. Duffaud, déjà nommé, pour le trieur n. 132.

2. prix, médaille de bronze à M. Presson, à Bourges, pour le trieur n. 255.

Concasseurs de grains.

1. prix, médaille d'argent à M. Gerbouin, déjà nommé, pour le concasseur n. 171.

1. prix, médaille de bronze à M. Renaud, déjà nommé, pour le concasseur n. 295.

Coupe-racines.

1. prix, médaille d'argent à M. Hidien, déjà nommé, pour le coupe-racines n. 207.

Hache-paille.

1. prix, médaille d'argent à M. Gerbouin, déjà nommé, pour le hache-paille n. 168.

2. prix, médaille de bronze à M. Renaud, déjà nommé, pour le hache-paille n. 295.

Appareils à cuire les aliments.

(*M.*) 1. prix, médaille d'argent à M. Charlot, déjà nommé, pour l'appareil n. 46.

Barattes.

1. prix, médaille d'argent à M. Carré, à Vendôme (Loir-et-Cher), pour la baratte n. 31.

2. prix, médaille de bronze à M. Duffaud, déjà nommé, pour la baratte n. 141.

Bascules.

1. prix, médaille d'argent à M. Dunial, déjà nommé, pour la bascule n. 599.

Collection d'instruments d'intérieur.

1. prix, médaille d'argent à M. Fronteau, au Mans, pour sa crémoire n. 155.

Pressoirs.

1. prix, médaille d'or à MM. Brethon, déjà nommé, pour la presse à briques n. 11.

2. prix, médaille d'argent à M. Renaud, déjà nommé, pour le pressoir n. 298.

3. prix, médaille de bronze à M. Huguereau, à Souligné-sous-Ballon (Sarthe), pour les vis de pressoir n. 212.

Instruments non prévus au programme.

Rappel de médaille d'argent à M. Hervé, déjà nommé, pour la pompe d'irrigation n. 187.

Rappel de médaille d'argent à M. Mandin, à Tours, pour les pompes n. 220 à 240.

Médaille d'argent à MM. Bunon frères, à Loches (Indre-et-Loire), pour instruments à cultiver la vigne n. 20 à 23.

Médaille d'argent à M. Bourand, à Clamecy (Nièvre), pour le phlebotôme n. 6.

Id. à M. Benoist, au Mans, pour la noria à syphon n. 1.

Rappel de médaille de bronze à M. Delaplace, à Amboise (Indre-et-Loire), pour soufflet à soufrer la vigne n. 60.

Médaille de bronze à M. Gallicher, à Nevers, pour ciment et tuyaux n. 156 et 158.

Id. à M. Renaud, au Mans, pour égrenoir de maïs n. 297.

Id. à M. Brisgault, à Cinq-Mars-la-Pile (Indre-et-Loire), pour les meules n. 16.

Médaille de bronze à M. Maurice Hatton, à Château-du-Loir (Sarthe), pour barrières n. 184.

Id. à M. Hervé, déjà nommé, pour le cric n. 188.

Rappel des récompenses à MM. Brisson, Fauchon et Cᵉ, à Orléans, pour le moulin n. 17.

PRODUITS AGRICOLES.

Médaille d'or, à M. Laigle des Masures, à Saint-Pierre-des-Ormes (Sarthe), pour l'ensemble de ses produits, n. 9 à 20.

Id., à M. Orye-Marquis, à Bourgueuil (Indre-et-Loire). pour ses vins, n. 26.

Médaille d'argent, à M. Cabannes, à la Chapelle-Saint-Remy (Sarthe), pour la résine et les appareils de gemmage, n. 27 à 30.

Id., à Mme veuve Guénot, à Tours, pour les vins mousseux, n. 7.

Id., à M. Gautier, à Bazouge (Sarthe), pour le vin blanc, n. 6.

Id., à M. Cardeux, à Nohant-en-Goût (Cher), pour toisons de laine, n. 1.

Médaille de bronze, à M. Lasne, à Thorigné (Sarthe), pour plantes sarclées, n. 21 à 25.

Id., à M. Grousteau, à Blois, pour ses vinaigres, n. 4.

Id., à M. Guiet, fabricant de fromages, propriétaire à Bazolière, commune de Changé (Sarthe).

EXPOSANTS ÉTRANGERS A LA RÉGION.

Charrues.

Rappel de médaille d'or à M. Pilter, à Paris, pour la charrue n. 524.

(*M.*) (1) *Id.* à MM. Garnier et Coué, à Redon (Ille-et-Vilaine), pour la charrue n. 435.

(*M.*) 1. prix, médaille d'or à M. Bodin et ses fils, à Rennes, pour la charrue n. 375.

Charrues sous-sol.

1. prix, médaille d'argent à M. Pilter, à Paris, pour la charrue n. 526.

(*M.*) 2. prix, médaille de bronze à M. Bodin et ses fils, déjà nommés, pour la charrue n. 377.

Herses.

1. prix, médaille d'argent, à MM. Garnier et Coué, déjà nommés, pour la herse n. 442.

2. prix, médaille de bronze à M. Pilter, déjà nommé, pour la herse n. 528.

Scarificateurs.

Rappel de médaille d'argent à MM. Garnier et Coué, déjà nommés, pour le scarificateur n. 454.

Semoirs.

Rappel de médaille de bronze à M. Leclerc, à Rouen, pour le semoir n. 477.

Houes à cheval.

(*M.*) 1. prix, médaille d'argent à M. Bodin et ses fils, déjà nommés, pour la houe n. 396.

2. prix, médaille de bronze à M. Pilter, déjà nommé, pour la houe n. 541.

Butteurs.

Prix unique, médaille de bronze à MM. Garnier et Coué, déjà nommés, pour le butteur n. 439.

Faucheuses.

2. prix, médaille d'argent à M. Lallier, à Soissons, pour la machine n. 470.

3. prix, médaille de bronze à M. Renaud, à Nantes, pour la machine n. 563.

Faneuses.

1. prix, médaille d'or à M. Guilleux, à Segré (Maine-et-Loire), pour la machine n. 590.

2. prix, médaille d'argent à M. Pilter, déjà nommé, pour la machine n. 534.

Râteaux à cheval.

1. prix, médaille d'argent à M. Pilter, déjà nommé, pour le râteau n. 548.

2. prix, médaille de bronze à M. Bodin et ses fils, déjà nommés, pour le râteau n. 382.

Moissonneuses.

1. prix, médaille d'or à M. Lallier, déjà nommé, pour la machine n. 471.

Manéges.

1. prix, médaille d'or à M. Bodin et ses fils, déjà nommés, pour le manége n. 383.

Rappel de médaille d'argent à M. Thouvenin, à Toury (Eure-et-Loir) pour le manége n. 586.

3. prix, médaille de bronze à M. Gautrau, à Dourdan (Seine-et-Oise), pour le manége n. 463.

Machines à vapeur mobiles.

1. prix, médaille d'or à M. Durenne, à Courbevoie (Seine), pour la machine n. 414.

Batteuses rendant le grain tout nettoyé, mobiles.

1. prix, médaille d'or à M. Gautreau, à Dourdan (Seine-et-Oise), pour la machine n. 464.
2. prix, médaille d'argent à M. Thevenin, déjà nommé, pour la machine n. 587.

Batteuses mobiles rendant le grain vanné.

2. prix, médaille d'argent à M. Benoist, à Etampes (Seine-et-Oise), pour la machine n. 362.

Batteuses fixes ne vannant ni ne criblant.

1. prix, médaille d'argent à M. Bodin et ses fils, déjà nommés, pour la machine n. 384.

Tarares.

1. prix, médaille d'argent à MM. Garnier et Coue, déjà nommés, pour le tarare n. 451.
2. prix, médaille de bronze à M. Bodin et ses fils, déjà nommés, pour le tarare n. 386.

Concasseurs de graines.

1. prix, médaille d'argent à M. Peugeot, à Valentigny (Doubs), pour le concasseur n. 520.
2. prix, médaille de bronze à M. Bodin et ses fils, déjà nommés, pour le concasseur n. 387.

Coupe-racines.

1. prix, médaille d'argent à M. Paulvé, à Troyes, pour le coupe-racines n. 494.
2. prix, médaille de bronze à M. Bodin et ses fils, déjà nommés, pour le coupe-racines n. 393.

Hache-paille.

1. prix, médaille d'argent à M. Paulvé, déjà nommé, pour le hache-paille n. 491.
2. prix, médaille de bronze à M. Bodin et ses fils, déjà nommés, pour le hache-paille n. 389.

Appareils à cuire les aliments

1. prix, médaille d'argent à M. Charles, à Paris, pour l'appareil n. 400.

Barattes.

Rappel de médaille d'argent à M. Charles, déjà nommé, pour la baratte n. 403.

Bascules.

1. prix, médaille d'argent à MM. Suc, Chauvin et Ce, à Paris, pour la bascule n. 566.

Pressoirs.

2. prix, médaille d'argent à M. Guilleux, déjà nommé, pour le pressoir n. 597.

Instruments non prévus au programme.

Rappel de médaille d'or à MM. Suc, Chauvin et Ce, à Paris, pour le wagon automatique n. 572.

Médaille d'or à MM. Maydieu et Ce, à Paris, pour l'appareil à carboniser les bois n. 478 et 479.

(*M.*) Médaille d'or à M. Chenel, à Nantes, pour sa machine à égrener le trèfle n. 411.

Médaille d'argent à M. Mimard, à Villeneuve-sur-Yonne (Yonne), pour l'appareil à cuvage des vins n. 482.

Médaille d'argent à MM. Mosselmann et Ce, à Paris, pour l'appareil à récolter les grains n. 483 et 484.

Médaille d'argent à M. Renaud, à Nantes, pour son battage à vapeur n. 562, 565.

Rappel de médaille de bronze à M. Leclerc, à Ry (Seine-Inférieure), pour les claies de parc en fer n. 473, 475.

Médaille de bronze à M. Bonté, à Paris, pour les liens inaltérables automatiques de M. de Lapparent n. 397.

Médaille de bronze à M. Mercier, à Paris, pour urinoirs inodores n. 480, 481.

Rappel de médaille d'argent à M. Pestel, à Honfleur (Calvados), pour auges et tuyaux n. 513, 518.

(*M*) **Médaille d'or, grand module**, demandée par le jury au ministre pour M. Leveau, au Mans, pour la machine à broyer le chanvre n. 216.

CONCOURS RÉGIONAL HIPPIQUE DU MANS

Distribution des prix.

Ire CLASSE. — ESPÈCE DEMI-SANG.

1re *Section.* — Chevaux de 3 ans.

3. prix, n. 1. — *Godard*, à M. Godichon, médaille de bronze et 400 fr.
(Le 1er et le 2e prix n'ont pas été décernés.)

2e *Section.* — Chevaux de 4 ans et au-dessus.

1. prix, n. 2. — *Fil-en-Cinq*, à M. Godichon, médaille d'argeant et 700 fr.

3e *Section.* — Juments de 3 ans.

(Néant.)

4e *Section.* — Juments de 4 ans et au-dessus.

1. prix, n. 33. — *Ida*, à M. Lallouet, médaille d'or (décernée par M. le directeur général des Haras) et 500 fr.
2. prix, n. 34. — *Brillante*, au même, médaille de bronze et 400 fr.
3. prix, n. 36. — *Hélène*, à M. Godichon, médaille de bronze et 300 fr.
4. prix, n. 35. — *Phénoménone*, au même, médaille de bronze et 250 fr.

IIe CLASSE. — TRAIT LÉGER.

1re *Section.* — Chevaux de 3 ans.

(Néant.)

(Le 1er et le 2e prix n'ont pas été décernés.)

2e *Section.* — Chevaux de 4 ans et au-dessus.

1. prix, 22. — *Oscar*, à M. Lefebvre, médaille d'argent et 600 fr.
2. prix, n. 5. — *L'Ami*, à M. Branet, médaille de bronze et 500 fr.
(Le 3e et le 4e prix n'ont pas été décernés.)

3e *Section.* — Juments de 3 ans.

2. prix, n. 38. — *Poulote*, à M. Bary, médaille de bronze et 200 fr.

3. prix, n. 37. — *Lisette.* à M. Hamelin, médaille de bronze et 100 fr.

(Le 1er prix n'a pas été décerné.)

4e *Section.* — Juments de 4 ans et au-dessus.

1. prix, n. 42. — *Irma*, à M. Cintrat. médaille d'or (décernée par M. le directeur général des Haras) et 400 fr.

2. prix, n. 40. — *Lisbeth*, à M. Laigles des Mazures, médaille de bronze et 300 fr.

3. prix, n. 44, — *Margot*, à M. Chauvin, médaille de bronze et 200 fr.

4. prix, n. 39. — *Bijou*, à M. Lallouet, médaille de bronze et 100 fr.

GROS TRAIT.

1re *Section*, — Chevaux de 3 ans.

3. prix, n. 11. — *Bibi*, à M. Derré, médaille de bronze et 250 fr.

(Le 1er et le 2e prix n'ont pas été décernés.)

2e *Section.* — Chevaux de 4 ans et au-dessus.

1. prix, n. 18, — *Coco*, à M. Vinault, médaille d'argent et 600 fr.

2. prix, n. 28. — *Désiré*, à M. Godon, médaille de bronze et 500 fr.

3. prix, n. 26. — *Favori*, à M. Ermenault, médaille de bronze et 400 fr.

4. prix, n. 17. — *Bon-Espoir*, à M. Lépine, médaille de bronze et 300 fr.

5. prix, n. 14. — *Baptiste*, à M. Bourgoin, médaille de bronze et 250 fr.

3e *Section.* — Juments de 3 ans.

1. prix, n. 46. — *Bobine*, à M. Moreau, médaille d'argent et 300 fr.

2. prix, n. 47. — *Cocotte*, à M. Derré, médaille de bronze et 200 fr.

3. prix, n. 49. — *Bijou*, à M. Tacheau, médaille de bronze et 100 fr.

4e *Section.* — Juments de 4 ans et au-dessus.

1. prix, n. 50. — *Mignonne*, à M. Desmons, médaille d'argent et 400 fr.

2. prix, n. 55. — *Biche*, à M. Augis, médaille de bronze et 300 fr.

3. prix, n. 56. — *Cocotte*, à M. Laigle des Mazures, médaille de bronze et 200 fr.

(Le 4e prix n'a pas été décerné.)

www.ingramcontent.com/pod-product-compliance
Ingram Content Group UK Ltd.
Pitfield, Milton Keynes, MK11 3LW, UK
UKHW021309190726
13839UKWH00007B/553

9 782329 599496